太空探索的重大时刻

从 20 世纪 60 年代开始，人类就长期坚持不懈地研究如何奔向太空了，而往太空中发送动物的历史则要更长！在这里，让我们认识一些太空探索领域的大人物吧！

这枚哥伦比亚号航天飞机任务徽章上显示了第一位指挥官和第一位驾驶员的姓：杨、克里平

1972

最后一个登上月球的人

1972 年阿波罗 17 号的宇航员吉恩 · 塞尔南成为了最后一位在月球上留下足迹的人。

吉恩 · 塞尔南还在月球上驾驶过月球车呢。

1981

第一艘航天飞机的宇航员

1981 年第一艘航天飞机由约翰 · 杨指挥、罗伯特 · 克里平驾驶。

1983

萨莉 · 赖德

航天飞机宇航员

美国第一位进入太空的美国女性

时间来到 1983 年，萨莉 · 赖德成为美国第一位进入太空的女性。

1994—1995

最长的太空飞行

1994 年 到 1995 年，俄罗斯人瓦列里 · 波利亚科夫连续在太空中度过了超过 14 个月的时间。

2001

第一位太空旅客

2001 年丹尼斯 · 蒂托成为花钱在太空中度假的第一人。

2003

第一位中国航天员

杨利伟是中国第一位通过载人航天工程被送入太空的人。

萨曼莎 · 克里斯托弗雷蒂是一位意大利宇航员。

2014—2015

飞行太空最长时间的女性

2014 年到 2015 年，萨曼莎 · 克里斯托弗雷蒂在太空中度过了 200 天，创下了女性最长单次太空飞行纪录。

2014—2015

克里斯 · 哈德菲尔德

2014 年到 2015 年，宇航员克里斯 · 哈德菲尔德将在太空中摄制的视频发布到网络上，成为社交媒体上的名人！

我想了解的东西：

DK 小科学馆

太阳系

英国 DK 公司　编著　　靳婷婷　译

中信出版集团 | 北京

DK Penguin Random House

Original Title: DK Findout! Solar System

图书在版编目（CIP）数据

DK 小科学馆 . 太阳系 / 英国 DK 公司编著 ; 靳婷婷译
. -- 北京 : 中信出版社 , 2020.12（2022.8 重印）
书名原文 : DK Findout! Solar System
ISBN 978-7-5217-0814-1

Ⅰ. ① D… Ⅱ. ①英… ②靳… Ⅲ. ①科学知识－儿童读物 ②太阳系－儿童读物 Ⅳ. ① Z228.1 ② P18-49

中国版本图书馆 CIP 数据核字（2019）第 147993 号

DK小科学馆 · 太阳系

编　　著：英国DK公司
译　　者：靳婷婷
出版发行：中信出版集团股份有限公司
（北京市朝阳区惠新东街甲4号富盛大厦2座　邮编　100029）
承 印 者：当纳利（广东）印务有限公司

开　　本：787mm × 1092mm　1/16　　印　　张：4　　字　　数：100千字
版　　次：2020年12月第1版　　印　　次：2022年8月第4次印刷
京权图字：01-2018-7707
书　　号：ISBN 978-7-5217-0814-1
定　　价：36.00元

本书作者为莎拉 · 克鲁达斯。

出品　中信儿童书店
策划　红披风
策划编辑　封裕
责任编辑　郝兰
营销编辑　马英　谢沐　严婧　刘天怡
装帧设计　颂煜文化
封面设计　哈_哈　李一

For the curious
www.dk.com

混合产品
源自负责任的森林资源的纸张
FSC® C018179

目录

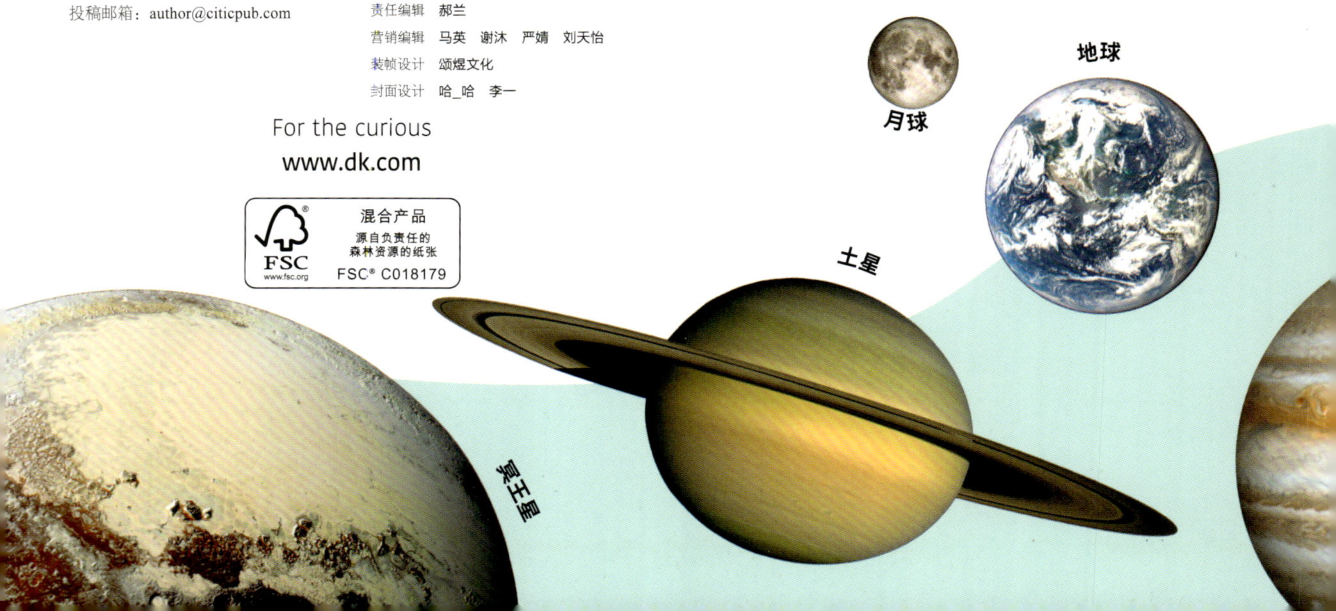

小行星
太阳
空间探测器
木星
宇航员

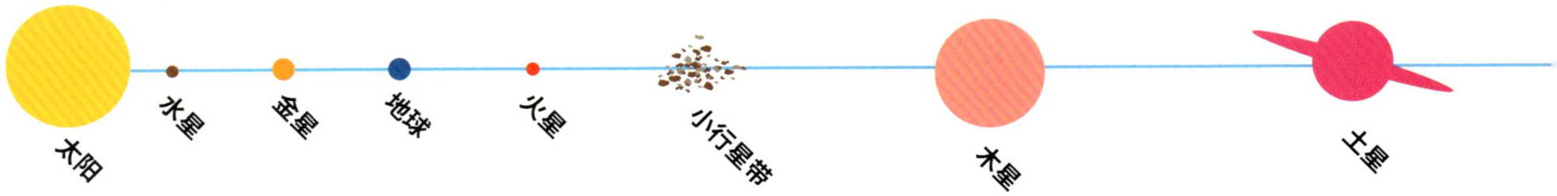

太阳系是什么？

太阳系是由我们的恒星太阳以及围绕太阳运行的一切天体组成的。其中包括 8 颗行星及其卫星、矮行星、小行星、彗星和较小的石块与尘埃。太阳系是宇宙中存在的众多同类系统之一。

小行星

小行星是太阳系最初形成时残留的岩石和金属构成的团块。绝大多数小行星都位于火星和木星之间的小行星带中。

彗星

彗星是由石、冰以及尘埃构成的宇宙“雪球”。彗星从太阳旁边掠过时，温度会升高，并形成一条尾巴。

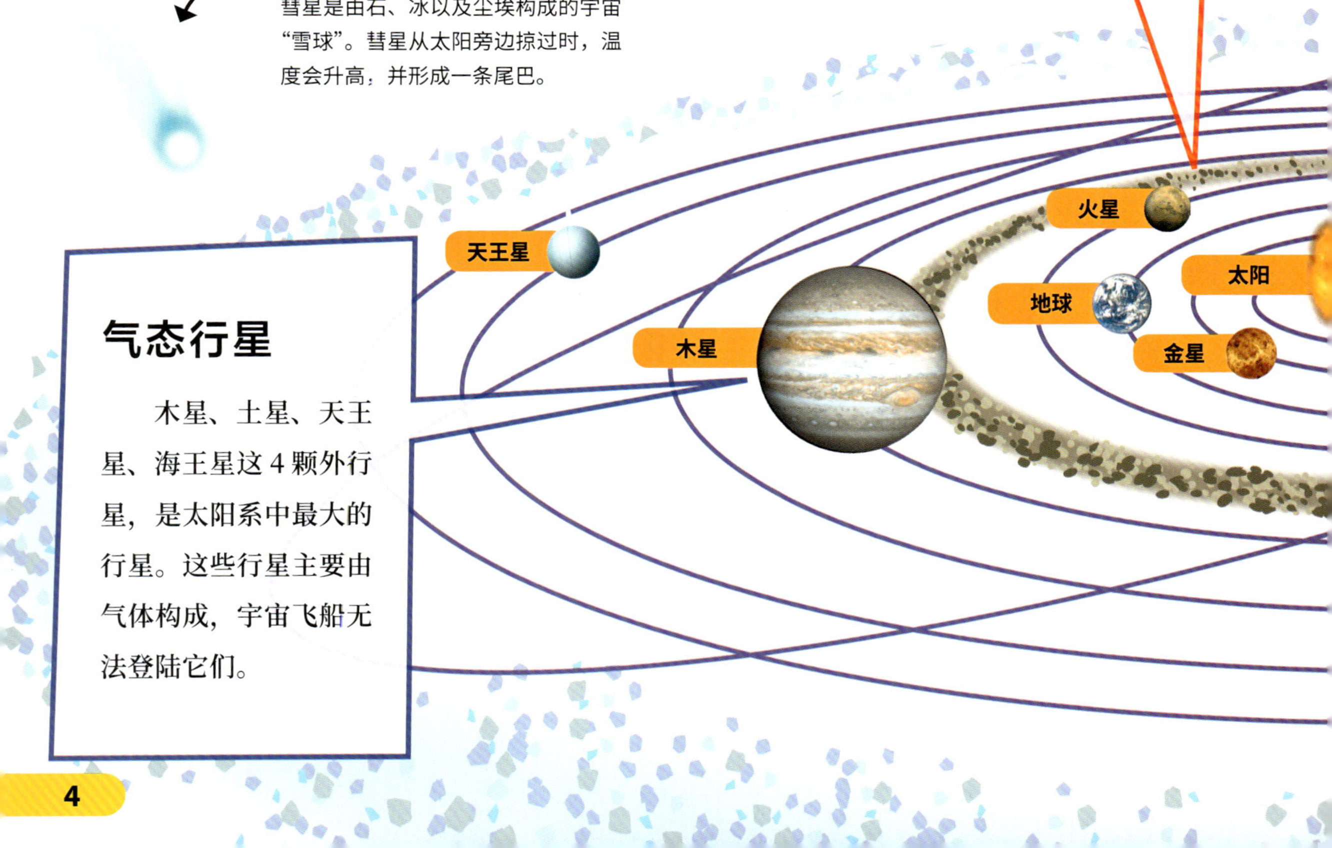

气态行星

木星、土星、天王星、海王星这 4 颗外行星，是太阳系中最大的行星。这些行星主要由气体构成，宇宙飞船无法登陆它们。

岩质行星

距离太阳最近的是4颗岩质行星：水星、金星、地球以及火星。这4颗行星诞生的方式虽然相同，但是经年累月，它们已形成截然不同的环境。

超大号

太阳系是如此广阔，打个比方，如果太阳有一个篮球这么大，地球就只有一粒芝麻那么大——而且是在距离太阳25米远的地方！

矮行星

像冥王星这样的矮行星也围绕太阳转动。矮行星比其他行星小很多。科学家认为，或许还有很多尚未发现的矮行星藏匿在太阳系中。

柯伊伯带
这条冰质岩块组成的带状区域位于海王星绕太阳公转的轨道外面。

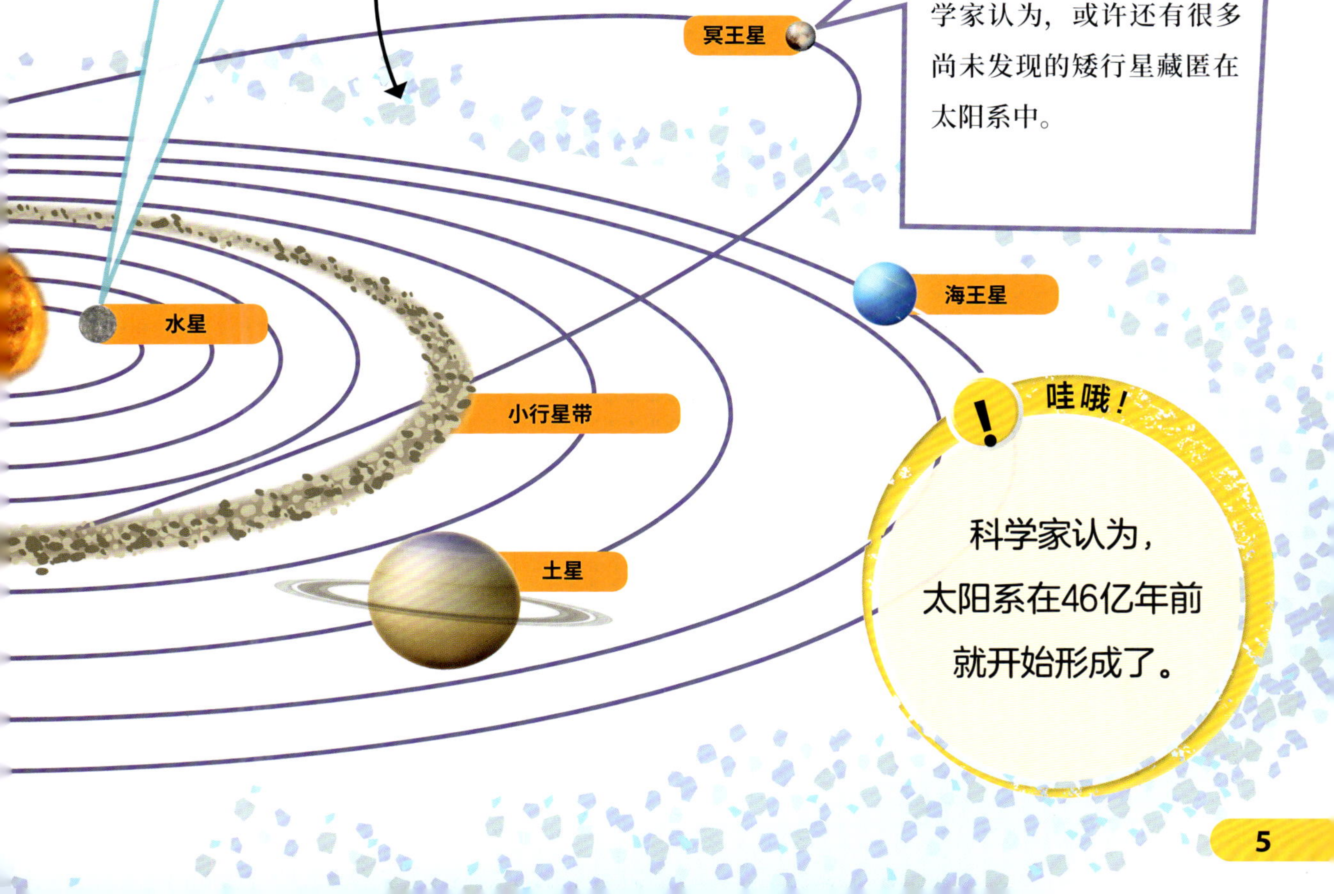

哇哦！

科学家认为，太阳系在46亿年前就开始形成了。

银河系

太阳系位于银河系之中，银河系是一个巨大的包含了 1 000 亿颗以上恒星的旋涡星系。这些恒星集中于银河系向外伸展的“旋臂”上。所有恒星都围绕银河系中心的一个点旋转着。科学家认为，银河系的中心有一个超大质量黑洞，将靠近黑洞的一切物质都吸了进去。

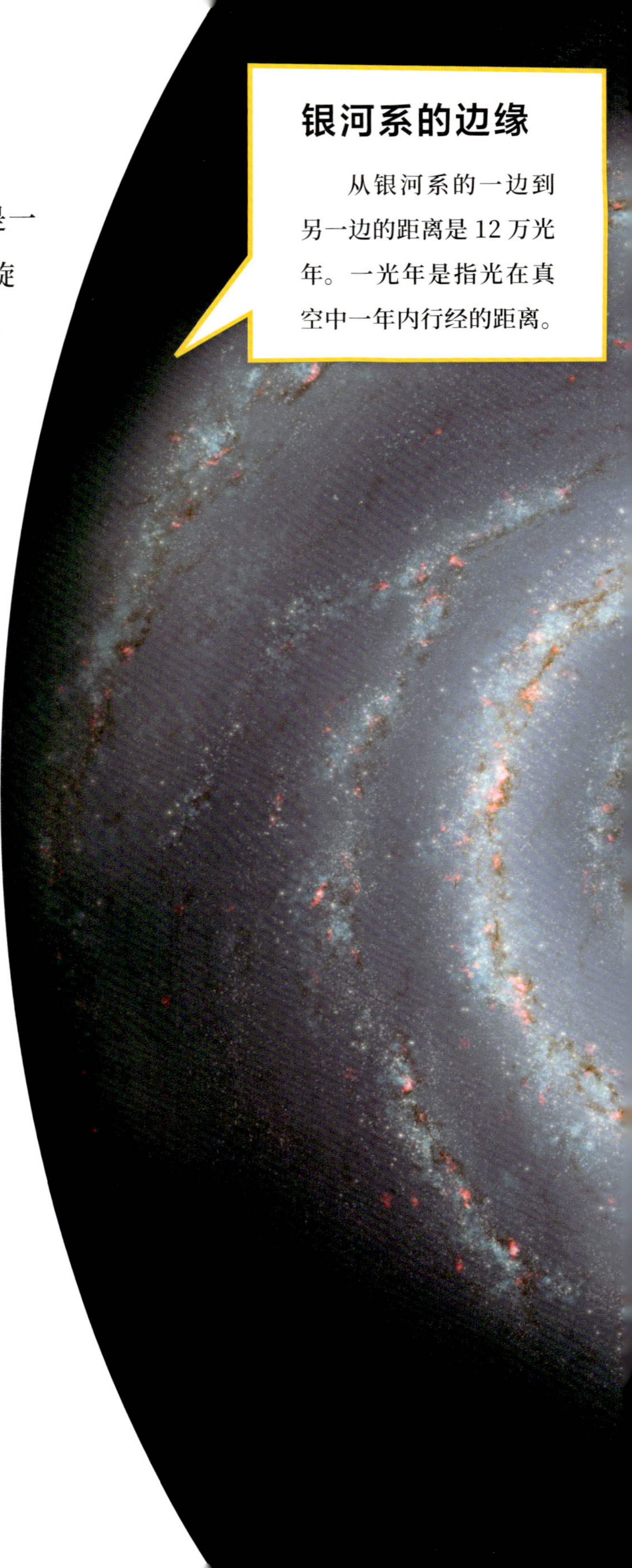

银河系的边缘

从银河系的一边到另一边的距离是 12 万光年。一光年是指光在真空中一年内行经的距离。

夜空

在晴朗的黑夜，我们能看到银河系像一条明亮的丝带一般横亘在空中。银河系虽然是一个旋涡星系，但从地球上看它并不像个旋涡，这是因为我们置身其中！

黑洞

来自黑洞的引力如此之大，以至于连光也无法逃脱。像银河系中心的这类超大质量黑洞，也会射出能量的喷流。

你在这里！

我们的太阳系位于此旋涡星系这条旋臂的内侧边缘。

侧视图

从侧面看过去，银河系呈扁平状，中心凸出，有点儿像两个煎鸡蛋叠放在一起的样子。

银河系的中心

太阳

太阳位于太阳系的中心。就像我们在夜空中看到的恒星一样，太阳也是一颗恒星。太阳这个燃烧的气态星球，主要由氢和氦构成，为我们提供了赖以生存的热能。太阳的质量非常大，其引力——将万物牵引在一起的力，使得行星围绕着它不停转动。

日珥

太阳表面发生的巨大爆发叫作日珥。太阳的隐形磁场使得日珥通常呈现环形。

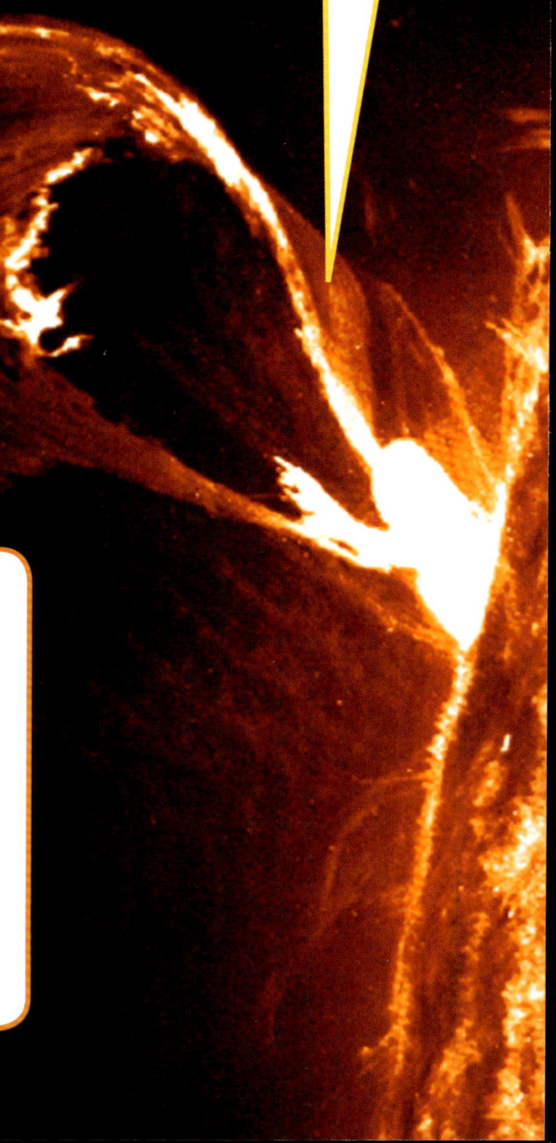

信息卡

- **名称：**太阳
- **表面温度：**5 500° C
- **内核温度：**1 500 万° C
- **直径：**1 392 684 千米

我们的恒星

太阳的内核在源源不断地制造能量。这些能量最长要花费 10 万年的时间才能到达太阳表面，但它们随后到达地球却只需要 8 分钟！

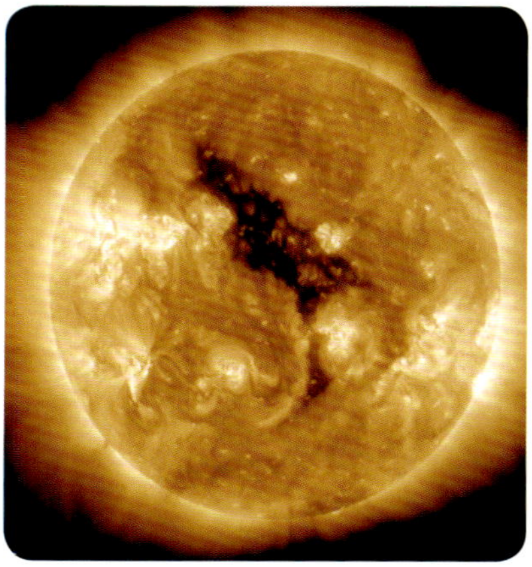

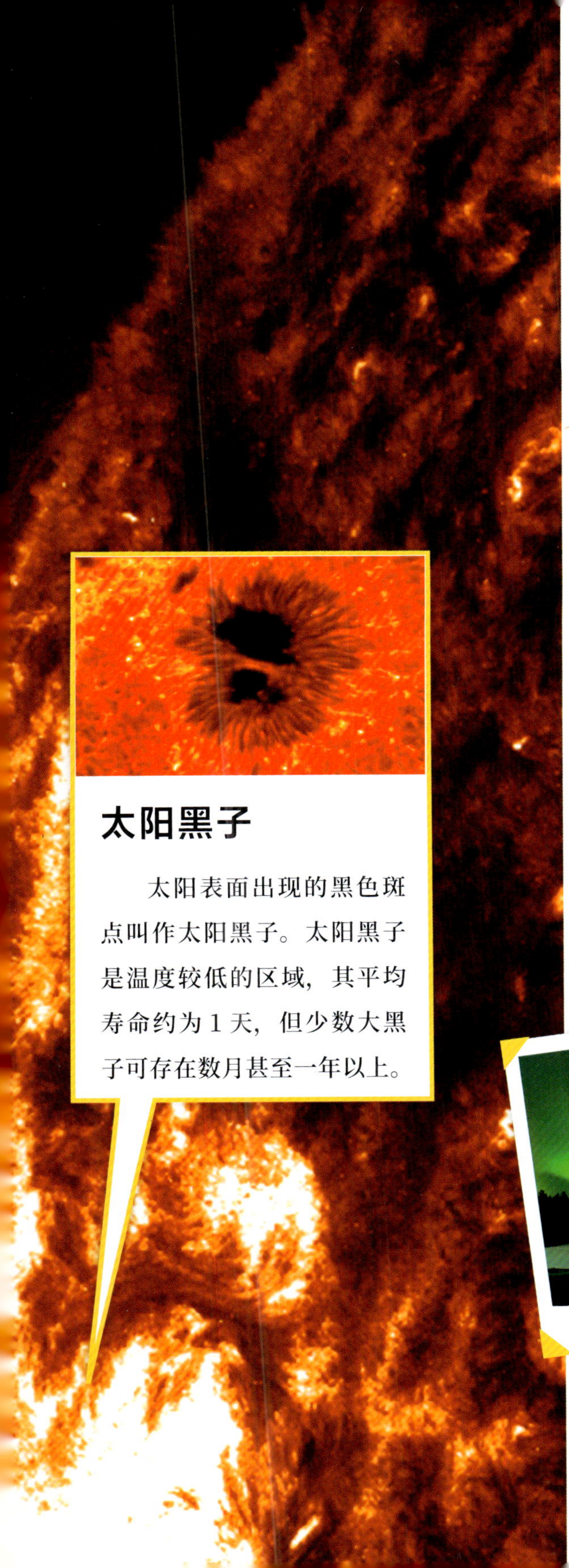

太阳黑子

太阳表面出现的黑色斑点叫作太阳黑子。太阳黑子是温度较低的区域，其平均寿命约为1天，但少数大黑子可存在数月甚至一年以上。

太阳有多大？

太阳是个庞然大物，能把太阳系中所有行星的成百上千倍全部塞进去。

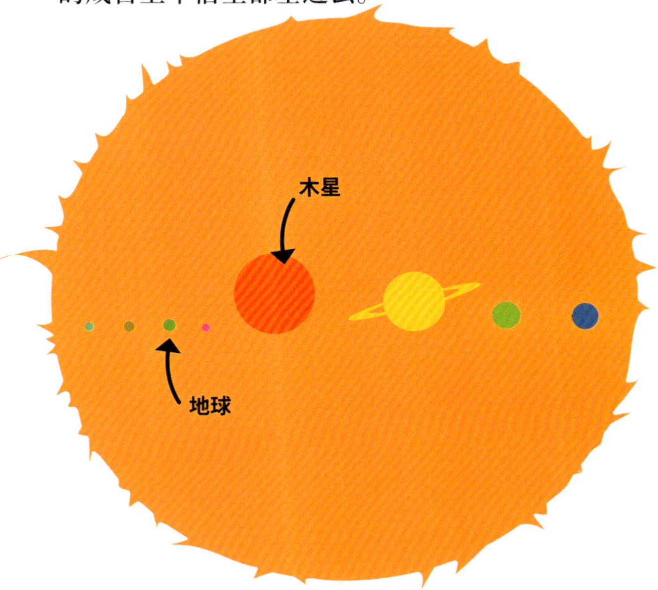

极光

太阳不仅会喷发出光和热，也会喷发出叫作太阳风的特殊粒子流。当这些粒子流进入两磁极，便会上演一场叫作极光的令人叹为观止的“灯光秀”。

出现在地球北极附近的极光。

极光也会出现在其他行星上，比如土星。

水星

水星是距离太阳最近的一颗行星，也是太阳系内圈四颗岩质行星中人类探索最少的行星。水星的表面覆盖着灰褐色的尘土，看上去就像是我们的月球，上面还有许多太空陨石撞击形成的环形山。科学家认为水星上不可能存在生命。

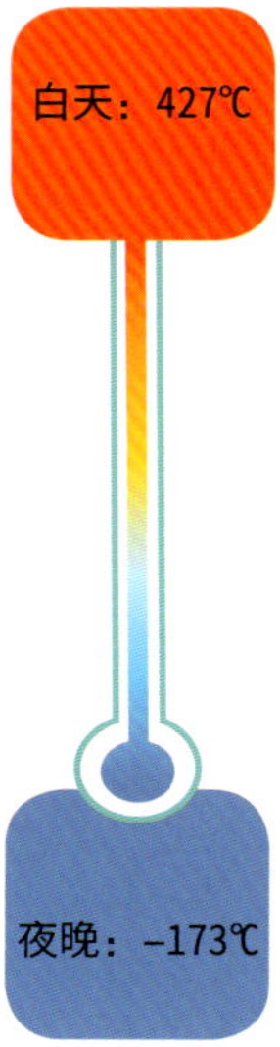

极端温度

水星是一个温度极端的星球。白天炙热如火，夜晚寒冷刺骨。

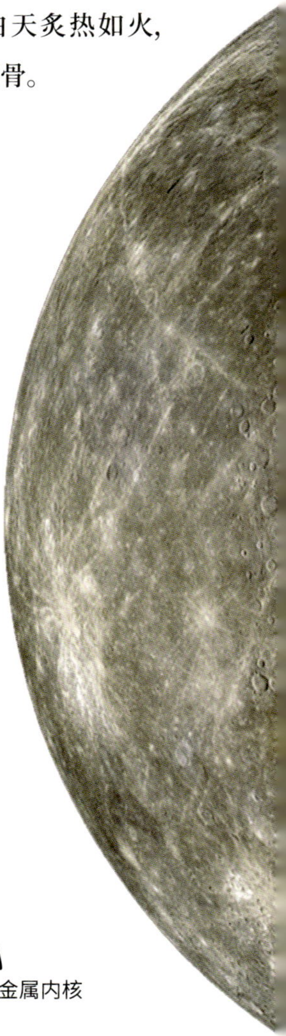

最小的行星

水星是我们的太阳系八大行星中最小的一颗，只比地球的卫星月球稍微大一点儿而已。

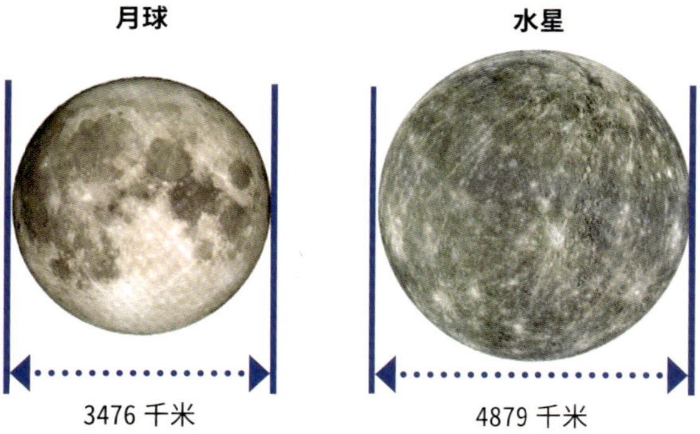

水星里面是什么？

水星虽有岩质的表面，却有一个巨大的金属内核，其中一部分是熔化的（液态的）金属。

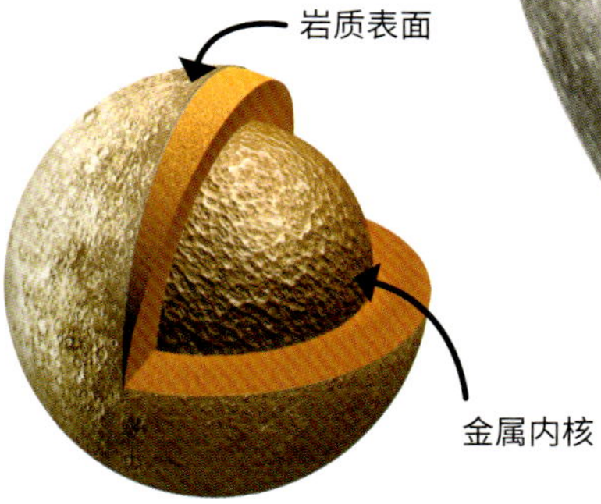

行星观测

虽然人们观测水星的历史已久，但没人知道发现水星的人是谁。有时候地球上的我们可以在日落和日出前后看到水星的身影。

日落时的水星

哇哦！

水星上的这几个环形山看上去就像米老鼠！

信息卡

- **名称：** 水星
- **卫星数量：** 0
- **与太阳的距离：** 5 790 万千米
- **一年的长度：** 88 个地球日

辨认行星

我们可以从地球上辨认出哪些星球是行星，因为行星不像恒星那样闪闪发光。

金星

从地球上看，金星是所有行星中最明亮的一颗。

火星

夜空中火星呈现出暗淡的红色。

木星

使用小型望远镜你就能看到木星的一部分卫星了！

土星

使用小型望远镜你就能看到土星的行星环了。

夜间可见

水星、金星、火星、木星、土星都能用肉眼看到。

你只需使用双筒望远镜，就能清楚地看到水星啦！

信息卡

- **名称：**金星
- **卫星数量：**0
- **与太阳的距离：**1.08 亿千米
- **一年的长度：**225 个地球日

火山

金星上遍布着火山。有证据表明，其中一些火山或许仍在喷发。

贫瘠的地表

金星的地表没有河流和湖泊。这里的雨全都是能将你的皮肤蚀穿的酸雨。

有毒的云

金星上空覆盖着硫酸云，大气层非常浓厚，不出几秒钟就能将你压扁。

地球不幸的双胞胎妹妹

地球与金星大小相仿，且都由类似的岩质材料构成，但是两者的相似之处仅止于此！金星是一个炼狱，温度炙热，火山遍布，上面还笼罩着致命毒气构成的大气层。

这是真的吗？

金星是太阳系中
最热的行星。

大气层

地球的大气层保护地球免受危险的宇宙辐射的侵害，并含有我们呼吸所需要的氧气等气体。

生命

地球是多种多样的植物和动物赖以生存的家园。

水

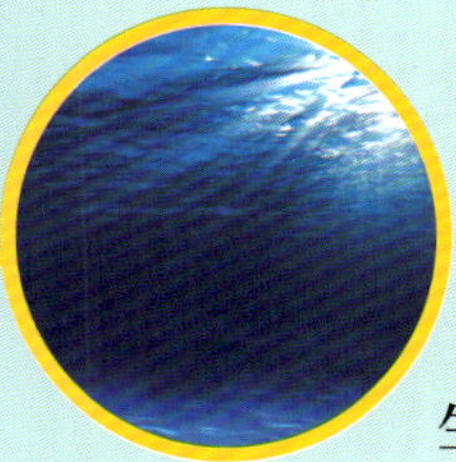

大约 71% 的地球表面都被水覆盖着。水是生命不可或缺的组成要素。

温度

与太阳之间的距离使地球的温度完全适于孕育生命——既不太冷，也不太热。

地球上的生命

虽说我们的太阳系之外有可能存在生命，但我们还尚未发现这些生命。我们唯一确定存在生命的地方就是地球。这颗我们称为家园的行星与太阳之间的距离恰到好处，这不仅让地球上有了水，也让地球拥有了创造生命所必需的所有其他关键要素。

生命的配方

搅拌碗中的是创造出我们所知的生命所必需的主要原材料：

你需要：

- 氧气、氮气以及碳这样的原材料
- 液态水
- 能量

原材料

生命所必需的原材料在地球上俯拾皆是，比如土壤中。不过，土壤需要水和来自太阳的能量才能创造出生命。

我们是由什么构成的？

从海洋中最大的鲸鱼到陆地上的小老鼠，地球上的所有生命都有一个共同点：所有生命都是由同样的生命元素构成的。

这只老鼠虽然看去与鲸鱼没什么同之处，但却是与鲸鱼相同的生元素构成。

哇哦！

地球上的生命在 35 亿年前就出现了！

星尘

构成我们身体以及地球上所有其他事物的元素，都是濒死的恒星在爆炸时产生的。这些爆炸会将碳和氧等原材料抛向宇宙，而我们就是由这些元素构成的。也就是说，你是由星尘构成的！

恒星爆炸产生的星尘

月球

月球是我们最近的邻居，也是我们人类在太阳系中除地球以外唯一涉足过的地方。月球像一片荒漠，有平原、山丘、峡谷以及黑漆漆的天空。月球上满是环形山，这是因为月球没有大气层来抵御太空陨石的撞击。

阿波罗 16 号登月舱

登月

共有 12 个人踏上过月球，尼尔·阿姆斯特朗是第一位。人类在月球上驾驶过名为月球车的车辆，甚至还在月球上打过高尔夫呢！

信息卡

- **与地球的平均距离：** 384 401 千米
- **表面温度：** –153° C ～ 123° C
- **绕地球一周的时间：** 27.3 天
- **年龄：** 45 亿岁

哇哦！

1969 年 7 月 20 日，第一批宇航员登上了月球。

从阿波罗 8 号上看到的地球

地出

阿波罗 8 号是第一艘执行载人绕月飞行任务的飞船，上图便是从阿波罗 8 号上看到的地球景观。这张照片摄于 1968 年平安夜。

日食

月球运行到地球与太阳之间的时候，有时会暂时遮挡住来自太阳的光线，使地球上发生日食现象。

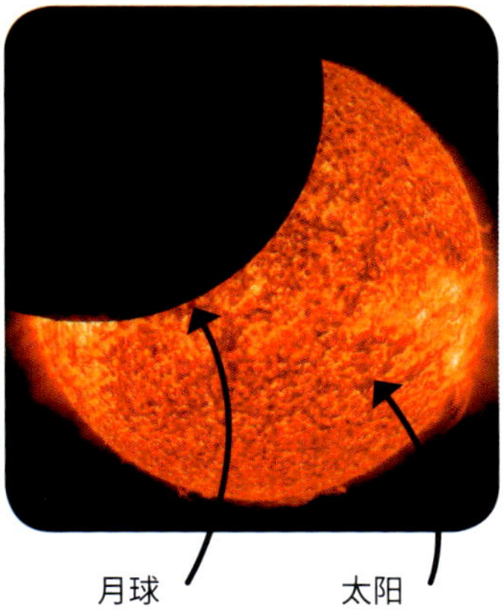

月球是如何形成的？

科学家认为，月球形成于太阳系早期，在一个大小与火星相似的天体撞上年轻的地球时诞生。他们认为这次撞击的碎片被地球引力吸引到了地球的轨道上，从而形成了月球。

天体与地球相撞

碎片绕地球转动

月球探测

人类最后一次登月是在 1972 年，而他们留下的脚印能保存几百万年的时间，因为月球上没有风将脚印吹散。也就是说，未来的月球探索者也能看见这些脚印。

月球表面的脚印

月球勘探

在未来我们可能会建立起能够供人类居住的月球基地。一些科学家甚至希望在月球上开采能转化为火箭燃料的能源。

艺术家的月球勘探概念图

太空竞赛

20 世纪中叶，美国和苏联都在努力竞争成为世界上最强大的国家。两国都希望成为第一个向太空发送航天器和宇航员的国家，就这样，太空竞赛拉开了序幕。

第一个遨游太空的航天器便是苏联的人造卫星斯普特尼克 1 号。这颗人造卫星于 1957 年 10 月 4 日发射升空。

一个月后，1957 年 11 月 3 日，苏联将一只狗送入太空。这只狗的名字叫莱卡，它成为第一只围绕地球飞行的动物。

1959 年 4 月，美国第一支宇航员队伍曝光。这支队伍叫作“水星 7 人组”，这支精英队伍的宇航员为遨游太空接受了特殊训练。

但是，第一个将人类送入太空的国家却是苏联！1961 年 4 月 12 号，苏联宇航员尤里·加加林围绕地球飞行一周。

1962 年 9 月，美国总统约翰·肯尼迪定下目标，要在 1970 年前送一名宇航员登上月球。

1963 年 6 月，瓦莲京娜·捷列什科娃成为第一位遨游太空的女性。

1965 年 3 月 18 日，苏联宇航员阿列克谢·列昂诺夫成为第一个在太空漫步的人，这让苏联又一次获胜！

不过，第一个踏上月球的国家是美国。1969 年 7 月 16 日，阿波罗 11 号发射升空，并在 4 天后成功登陆月球。

1969 年 7 月 20 日，尼尔·阿姆斯特朗和巴斯·奥尔德林（图中的人）成为第一批在月球上行走的人。至此，太空竞赛落下帷幕。

机器人宇航员

“机器人宇航员 2 号”是美国国家航空航天局（NASA）开发设计的一个居住在空间站的机器人，协助宇航员们进行诸如更换空气过滤器等简单任务。其头部设有可以当作眼睛使用的摄像机，其双手也能操控简单的工具。

在太空中生活

国际空间站（ISS）是人类向太空中发送的最大机器，它在地球上空 400 千米的地方绕地球飞行，从 2000 年开始，一队宇航员在空间站上展开了生活和工作。这是人类为深入探索太阳系迈出的第一步。

实验

宇航员在国际空间站中进行大量的科学实验，让人类对在太空居住的影响有更深入的了解。这些知识对于未来的深空探测是很有帮助的。

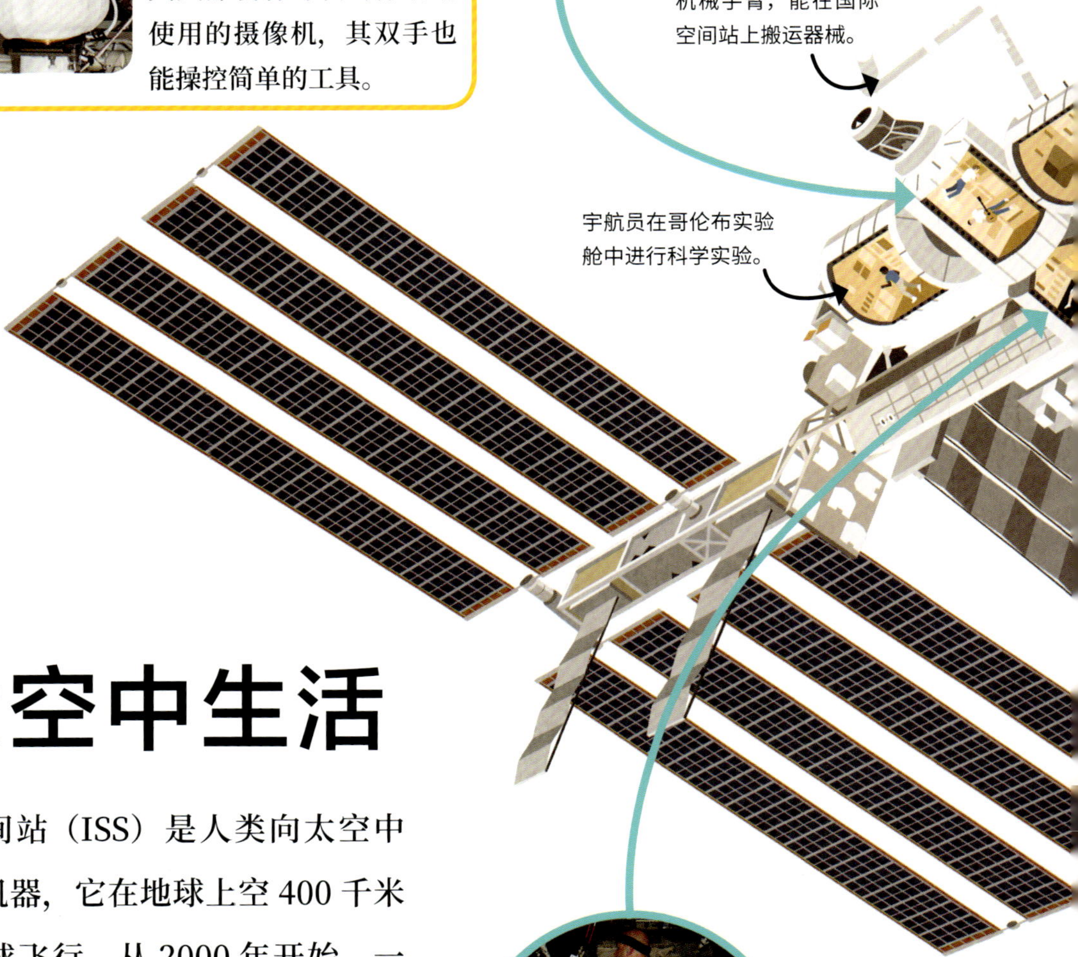

加拿大 2 号臂是一条机械手臂，能在国际空间站上搬运器械。

宇航员在哥伦布实验舱中进行科学实验。

强身健体

太空中是没有重力的，因此宇航员们每天都要运动，运动帮宇航员们保持身体健康，防止肌肉萎缩退化

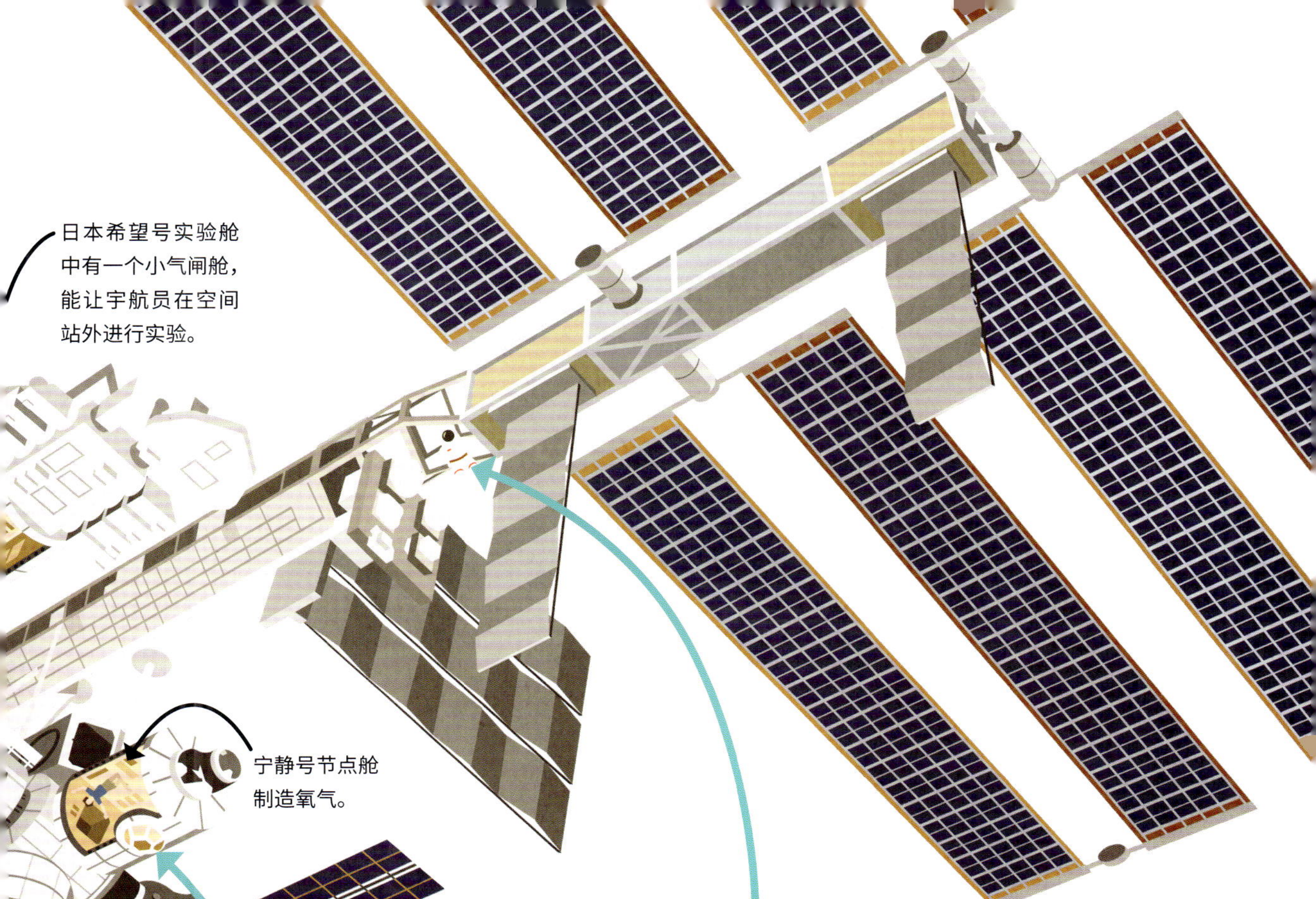

太空漫步

有时候宇航员需要走出空间站，在太空中对国际空间站进行维修。宇航员会身穿特殊的宇航服，以保护自己不受太空严酷环境的侵害。

风景独好

人们能从空间站看见所有国家和地区的全貌，俯视风暴，并且每天都能看到16 次日出和日落！

从国际空间站上看到的夏威夷

多层材料

宇航服共有 14 层材料，以保证宇航员的安全。有些材料是用来保护宇航员不受空中飞来的危险物体侵袭的。

生命维持系统

生命维持系统可以像背包一样穿戴在身上，里面包含有供宇航员呼吸的氧气以及一块提供电力的电池。

手套

宇航服手套的指尖部位装有防止宇航员手指变冷的加热器！

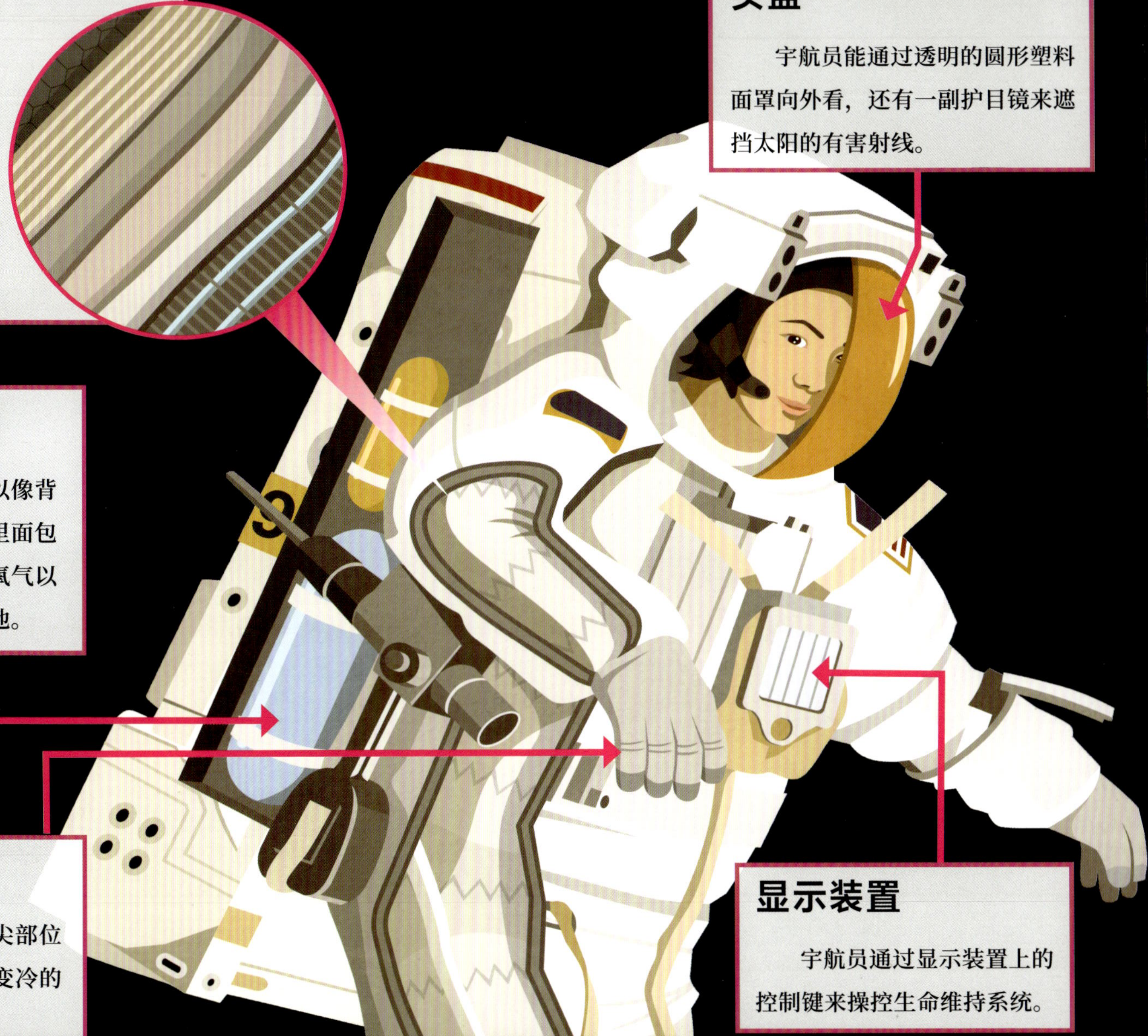

头盔

宇航员能通过透明的圆形塑料面罩向外看，还有一副护目镜来遮挡太阳的有害射线。

显示装置

宇航员通过显示装置上的控制键来操控生命维持系统。

宇航服

外太空没有供人呼吸的空气，温度也在极寒和极热之间迅速波动。为了生存，宇航员必须穿着宇航服。宇航服就像是宇航员的私人航天器，让宇航员能进行诸如空间站维修等重要工作。

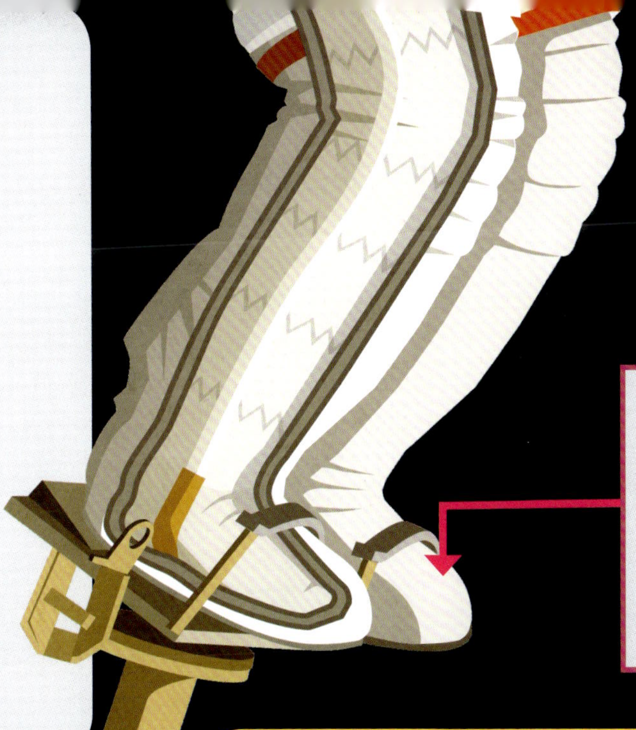

靴子

宇航员可以将他们的靴子与空间站的足部固定器相连接，以便于自己在太空中行走。

哇哦！

1971 年，宇航员**阿尔·沃登在从月球回到地球的途中上演了一场太空漫步。**

自由飞翔

这种推进装置叫作“载人机动装置”。20 世纪 80 年代，宇航员利用这种飞行器在脱离航天器的情况下遨游太空。现在的宇航员们有更小巧轻便的版本，以备紧急情况下使用。

当宇航员是什么感觉？

皮尔斯·赛勒斯博士是 NASA（美国国家航空航天局）的一位英裔美籍宇航员和气象学科学家。他在自己的太空职业生涯中，完成了三次航天飞机飞行任务。他在为国际空间站的建设贡献自己的力量期间，还完成了六次太空漫步。

信息卡

- **姓名：** 皮尔斯·赛勒斯博士
- **生年：** 1955 年
- **太空任务：**
  - 2002 年，亚特兰蒂斯号航天飞机
  - 2006 年，发现号航天飞机
  - 2010 年，亚特兰蒂斯号航天飞机
- **在太空中的总时长：** 35 天

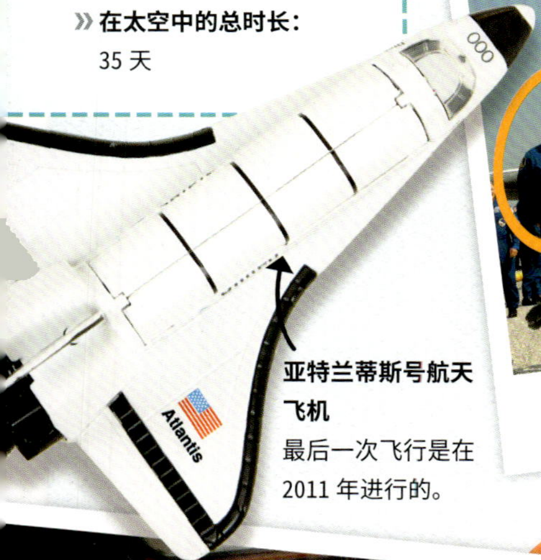

亚特兰蒂斯号航天飞机
最后一次飞行是在 2011 年进行的。

皮尔斯与发现号航天飞机的其他宇航员在一起

“太空是新的疆界。我们眼中的太空，就像是 1 000 年前水手们眼中的海洋。我们要穿越太空，才能到达太阳系中的其他行星。我希望未来的宇宙探索者们能登陆火星，也能在更遥远的行星的卫星上登陆。”

在国际空间站上

“零重力的状态可好玩了。你可以顺着空间站主通道一路飘浮下去，真是神奇。但是，最令人叹服的还是地球的景观。从国际空间站上，你可以将各个方向 1 000 英里之内的景观尽收眼底，壮观极了。”

从国际空间站上看到的景观

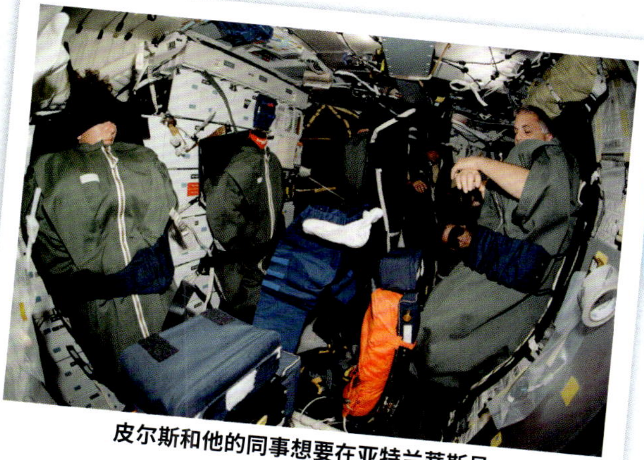

皮尔斯和他的同事想要在亚特兰蒂斯号航天飞机上睡一会儿觉

“在太空中很难入睡。闭上眼的时候，你会感觉自己正在下坠，然后就惊醒了！在零重力状态下是不能洗澡的，因为水会被弄得到处都是。我们只能用一条湿毛巾擦拭身体，这一招儿还算好用。马桶里设置有气吸式风扇，以便让一切各归其位，这一招儿也挺管用的！”

“作为一名宇航员，最好玩的体验就是太空漫步了。在航天飞机外面，你可以看到地球和宇宙的美丽全景。”

皮尔斯在国际空间站外面进行太空漫步

太空漫步

太空漫步是非常费力的。在这次太空漫步中，皮尔斯在外面待了7个多小时！

专业宇航员

在成为宇航员之前，苏妮塔·威廉姆斯接受过飞行员训练，琼·希金博特姆是一名工程师。

你是怎么成为宇航员的？

“在今天，如果你想成为一名专业宇航员，你必须符合以下条件中的一个：军事试飞飞行员、工程师、医学博士，或是科学家。所以，你在学校里要努力把科学、技术、工程以及数学这几门学科学好。这些学科初学时虽然困难，但其实既很有趣又很有价值。”

火星

火星因其铁锈般红色的土壤而有了“红色星球”这个绰号。火星与地球一样，有岩质地表、冰雪覆盖的两极、山丘峡谷以及云朵，但是这颗距离太阳第四近的行星的环境比我们地球的极端多了。火星不但严寒干燥，还有一层不宜人类吸入的稀薄的大气。

信息卡

- **名称：** 火星
- **与太阳的距离：** 2.28 亿千米
- **平均温度：** −63° C
- **绕太阳一周的时间：** 687 天
- **卫星数量：** 2 颗

火星的卫星

火星共有 2 颗比地球的月球小很多的卫星，它们分别叫作福波斯与戴莫斯。这两个名字分别是“恐惧”和“惊慌”的意思。这两颗卫星可能是被火星引力吸引来的小行星。

火卫一福波斯

火卫二戴莫斯

奥林帕斯山

奥林帕斯山在火星的地表高高耸起，这是我们太阳系中最大的火山，几乎是珠穆朗玛峰的三倍高！

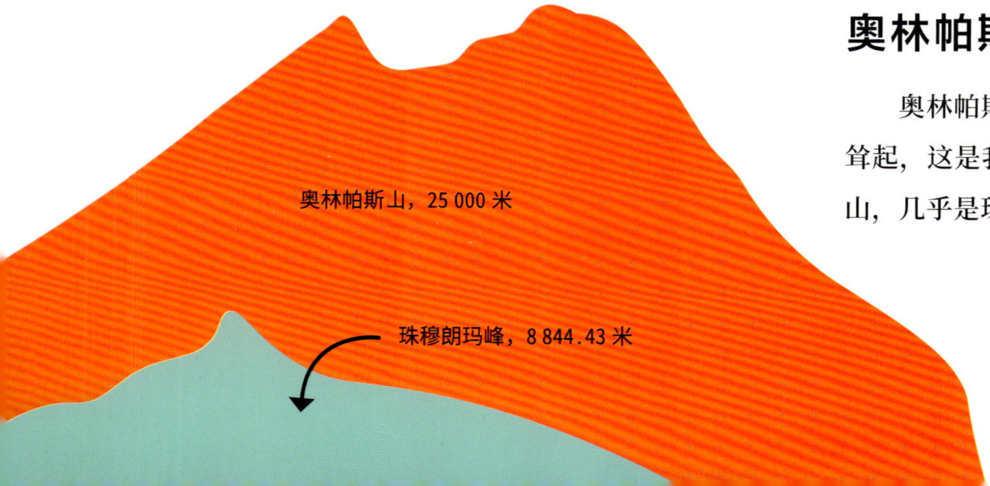

水手峡谷

水手峡谷是火星表面一条长达 4 000 千米的裂谷，有些地方的深度达到 7 千米。这是一个峡谷系统，其中包括广阔的科普来特斯峡谷。

科普来特斯峡谷

火星上的天气

与地球一样，火星也有季节。这是因为这两颗行星的倾斜角度是类似的。行星的不同部分会在一年内的不同时段朝向太阳，产生冷暖之分。

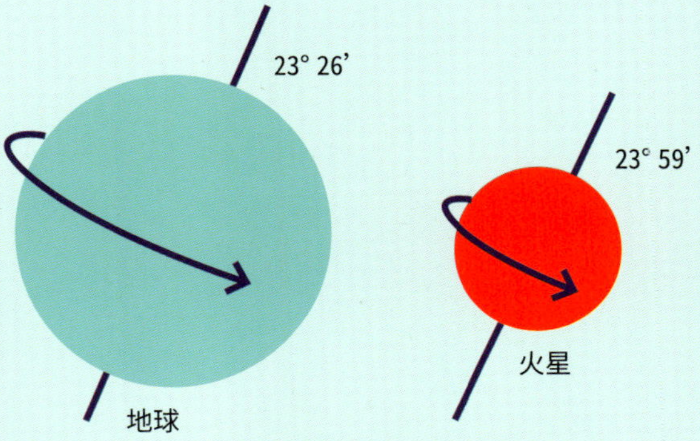

轨道倾角

火星的倾斜角只比地球的大一点儿，因此季节结构与地球的相似。火星上的季节更加漫长是因为火星绕太阳一周的时间更长。

尘卷风

火星上的龙卷风被称为“尘卷风”。

尘暴

火星上会出现持续数周的尘暴。大量尘粒被刮起，在地球上用望远镜就能看到！

探索火星

长久以来，科学家们便一直渴望揭开火星的面纱。他们认为，这颗红色星球过去或许比现在温暖潮湿得多。火星上甚至有可能一度有生命，细菌这样的微生物或许时至今日仍然生活在火星上。许多航天器已经造访过火星，未来，人类也将造访火星。

哇哦！

好奇号火星探测器的速度只有每秒 3.8 厘米。

火星上的水

2015 年，NASA 发现了火星上存在水的证据，这个发现让人们大受鼓舞，因为我们在太阳系中寻找生命的科学家们认为，有液态水的地方便可能有生命。

岩石上的这些沟道说明，这里或许曾经有水流过。

牛顿环形山

好奇号探测器

这张好奇号探测器的照片是在火星表面上拍摄的。这个有六个轮子的汽车大小的机器人在火星上生活和工作，由地球上的一支科学家团队操控。科学家们的指令到达火星大约需要 15 分钟！

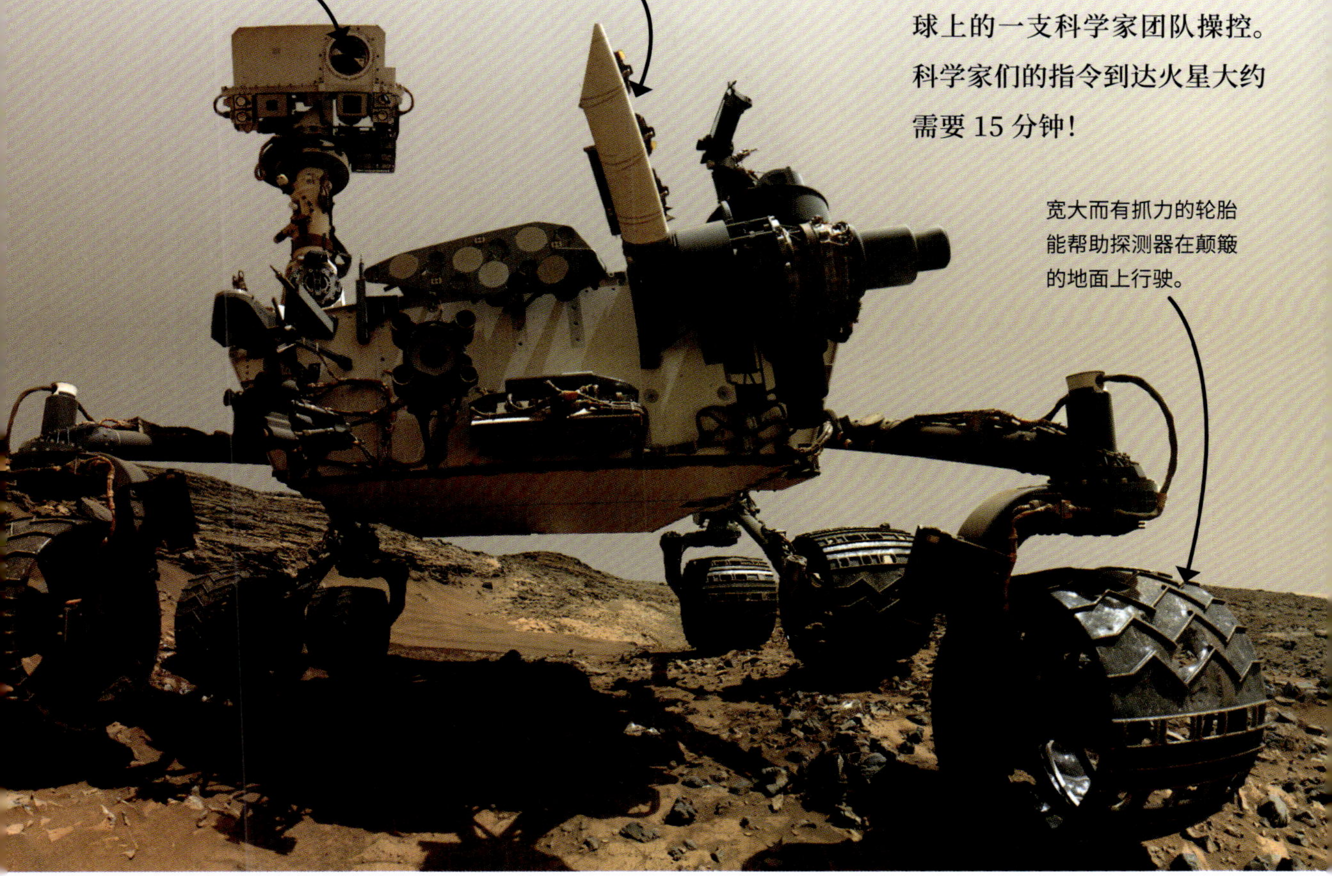

人类的探索

终有一天，人类会踏上火星。宇航员们将通过自己的双眼看到火星的地貌，也将成为第一批在除地球以外的行星上行走的人。即便火星上没有生命，登陆火星也会是人类对太阳系进行更大范围探测的关键一步。

艺术家对人类登陆火星的想象

小行星带

小行星带位于火星与木星这两颗行星的轨道之间。这里是数以万计的小行星的家园。这些岩质天体是早期太阳系留下的残骸，因为实在太小，所以不足以被当作行星看待。这些小行星的形状和大小各不相同，最小的不足 1 千米宽。有些小行星有自己的卫星，有颗小行星甚至还有自己的行星环！

哇哦！

未来的某一天，我们甚至可能在小行星上开采用作火箭燃料的贵金属和水。

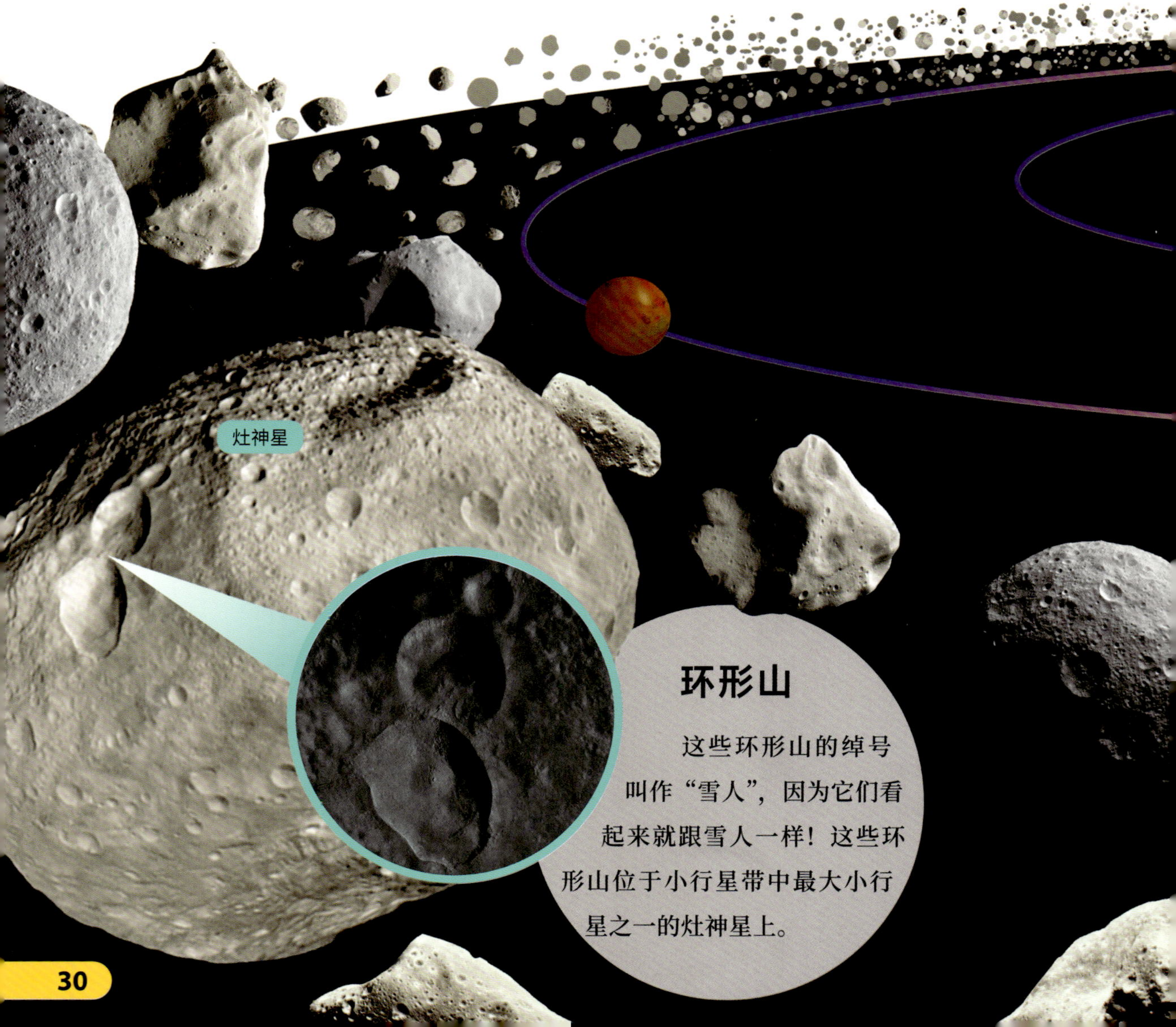

环形山

这些环形山的绰号叫作“雪人”，因为它们看起来就跟雪人一样！这些环形山位于小行星带中最大小行星之一的灶神星上。

小行星的轨道

在我们的太阳系中，并非所有的小行星都位于小行星带里。有的小行星会从其他行星的近旁经过，这些行星中就包括有地球。从地球附近经过的小行星叫作近地天体。木星围绕太阳转动的轨道甚至与两组小行星的运行轨道重合，这两组小行星叫作特洛伊族小行星。

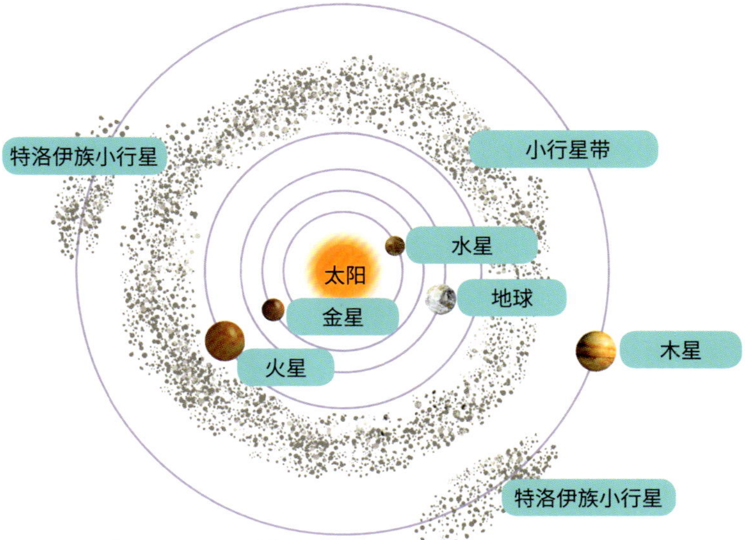

谷神星

到现在为止，小行星带中最大的天体便是谷神星了。谷神星绝大部分由岩石和冰构成，是人类发现的第一颗小行星。后来谷神星被分类为矮行星，因为与小行星主带中的邻居相比，谷神星更像是一颗行星。

木星

木星是距离太阳第五近的行星，也是太阳系中最大的行星。木星是一颗巨大的气态行星，有棕色、黄色、白色的浓密云带。木星的大气层就像我们的太阳的一样，由氢气以及氦气构成，如果木星能变大许多，说不定能成为一颗恒星呢！

哇哦！

木星就像一台宇宙吸尘器一样，能将危险的小行星吸进去！

信息卡

- **名称：** 木星
- **与太阳的平均距离：** 7.78 亿千米
- **已知卫星数量：** 79 颗
- **平均温度：** –145° C ～ 24 000° C

巨型行星

木星是太阳系的国王，其直径达到令人瞠目的 143 000 千米。木星是如此巨大，以至于将太阳系中的所有其他行星全都装进去也不在话下！

朱诺任务

NASA 的朱诺号探测器帮助科学家们了解了木星的形成。朱诺号的转动轨道与这颗气态巨型行星之间的距离，比以前的任何航天器都近。

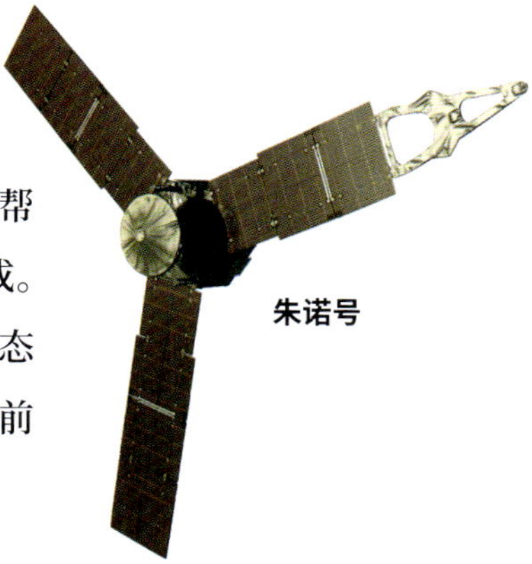

朱诺号

云层之下

任何穿过木星云层的探测器都会被巨大的气压压扁和熔化。科学家认为，木星的大气层下是一片由液态金属构成的巨大海洋。

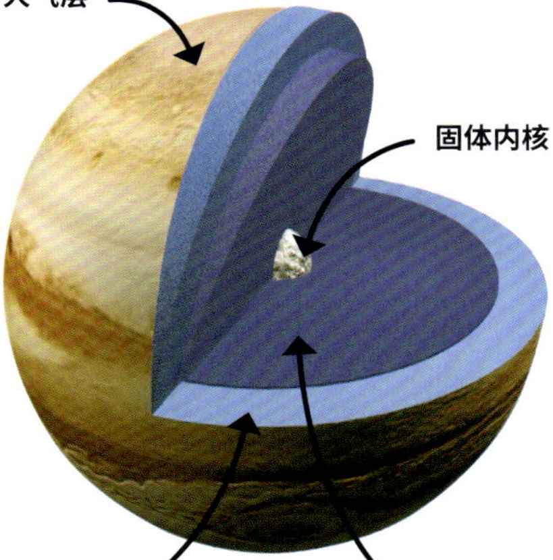

木星环

木星有三条薄薄的行星环，叫作木星环。这些行星环主要由尘埃构成，只能在被太阳光照射时从木星背后看到。

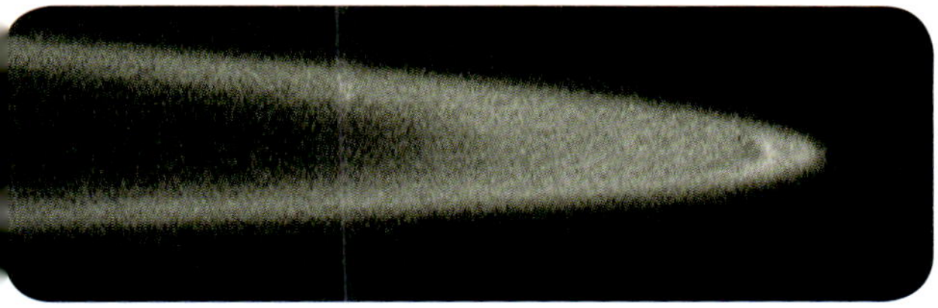

2007 年新视野号探测器拍摄的木星环。

木星大红斑

木星的一个最为著名的特征要数木星大红斑了。这是一种比地球大三倍多的风暴，已经肆虐了数百年之久！

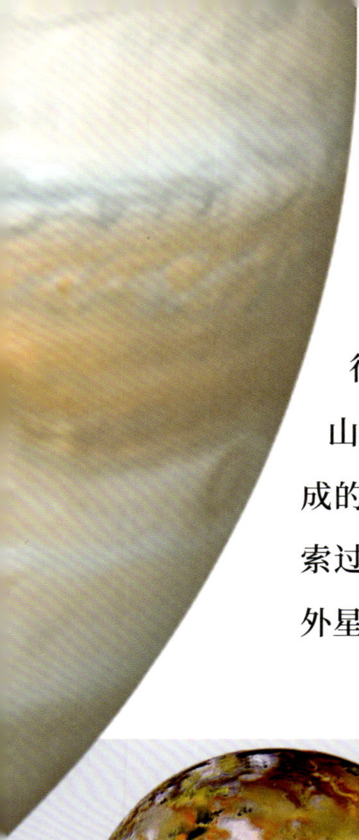

木星的卫星

木星的卫星中最大的四颗，是人类发现的第一批围绕地球以外的行星运行的卫星。这些卫星是由火山、环形山以及深藏不露的海洋所构成的不可思议的世界，几乎从未被人探索过。有的卫星上甚至还有可能居住着外星生物呢！

哇哦！

木卫二上的水或许有地球的两倍之多！

木卫一

木卫一的大小与月球相似。火山爆发产生的化学物质使得木卫一的表面呈橘黄色。

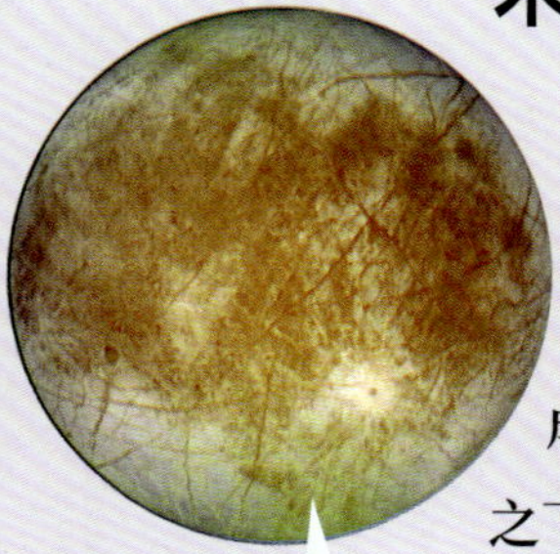

木卫二

木卫二是木星四大卫星中最小的一颗。木卫二的表面由冰层构成，科学家认为，冰层之下是一片海洋！

火山卫星

木卫一是太阳系中火山活动最活跃的地方。成百上千的火山将熔岩抛向几千米的高空。

冰喷泉

科学家认为，木卫二的冰层地表上的间歇泉会喷射出巨大的水柱。这些喷泉中最高的或许比珠穆朗玛峰还高出 20 倍！

夜空景致

通过望远镜观看木星时，你有可能会看到木星旁边悬浮着的几点亮光。这些亮光其实就是木星最大的 4 颗卫星！

伽利略

木星的四大卫星被称为伽利略卫星，这是以 1610 年发现了四大卫星的意大利科学家伽利略·伽利雷的名字命名的。

木卫三

木卫三是太阳系中最大的卫星，它甚至比水星还大！这颗卫星是由岩和冰组成的。

木卫四

这颗遍体鳞伤的卫星上的环形山，比太阳系中的所有其他天体都多！

各行其道

木星至少有 79 颗卫星，几乎自成一个迷你太阳系。木卫一在四大卫星中距离木星最近，绕木星一周用时 42 小时。距离木星最远的木卫四完成一圈公转则需要大约 17 天。

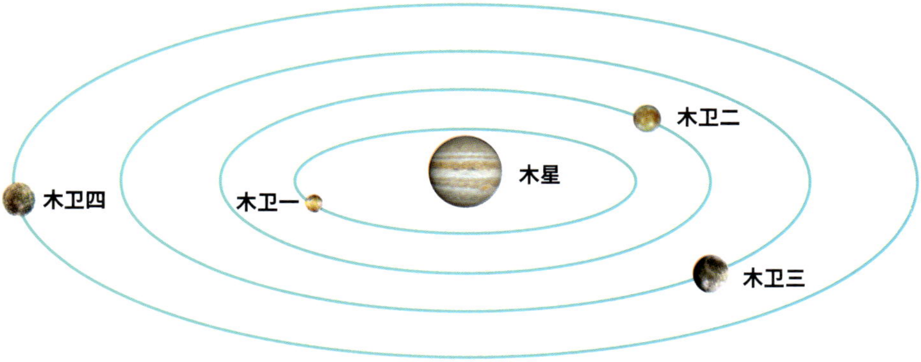

土星

土星是太阳系中继木星之后的第二大行星，因其美丽的行星环也被人称为“太阳系的宝石”。这是一颗巨大的气态行星，旋转速度飞快，使得中间部分凸了出来。

！哇哦！

土星的卫星土卫六是太阳系中唯一拥有大气层的卫星。

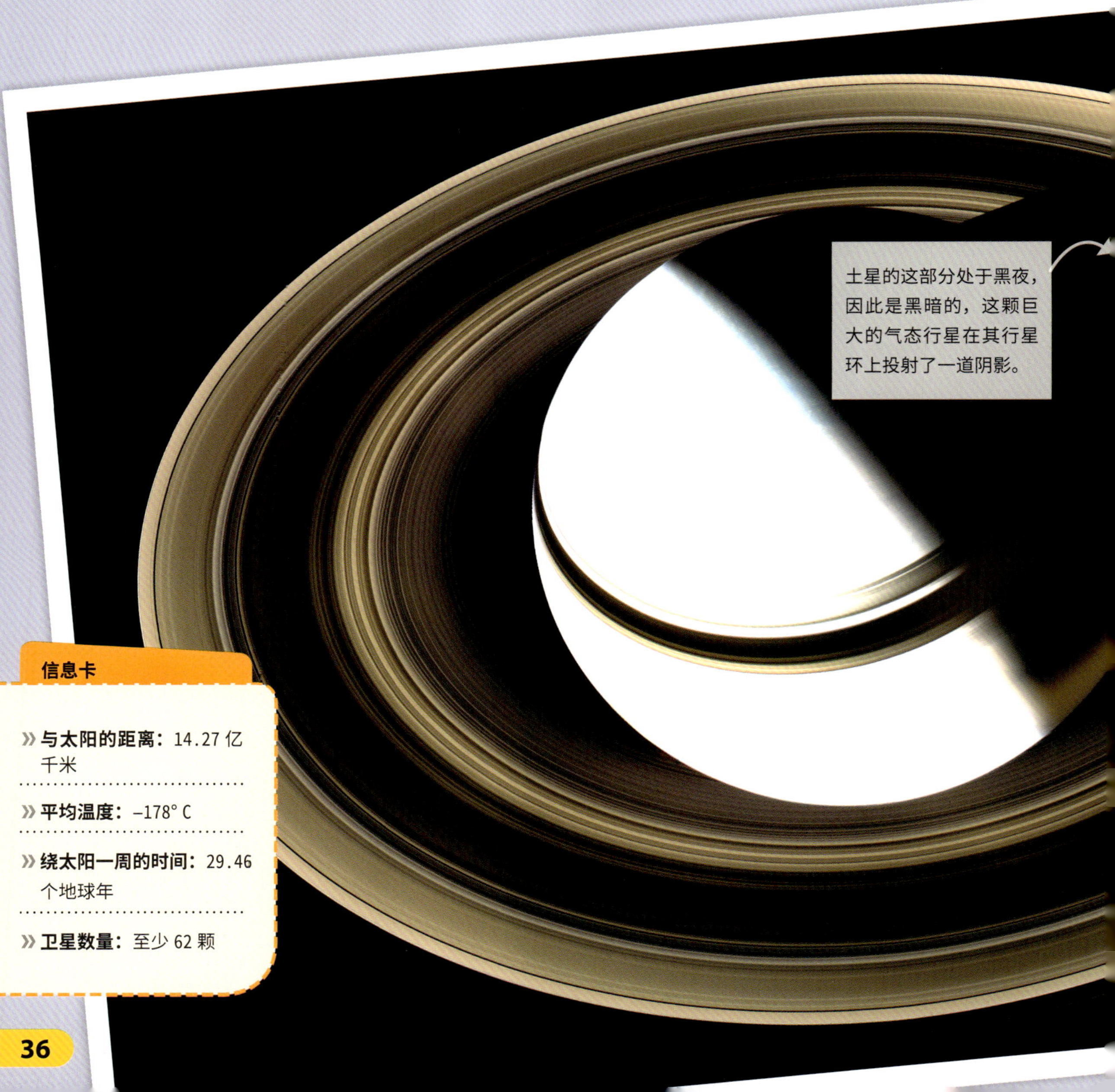

土星的这部分处于黑夜，因此是黑暗的，这颗巨大的气态行星在其行星环上投射了一道阴影。

信息卡

- **与太阳的距离：** 14.27 亿千米
- **平均温度：** -178° C
- **绕太阳一周的时间：** 29.46 个地球年
- **卫星数量：** 至少 62 颗

泡澡时间

土星虽然体积巨大，但密度却并不太大。也就是说，如果你能搭建一个巨大的浴缸，土星便会浮在水中！

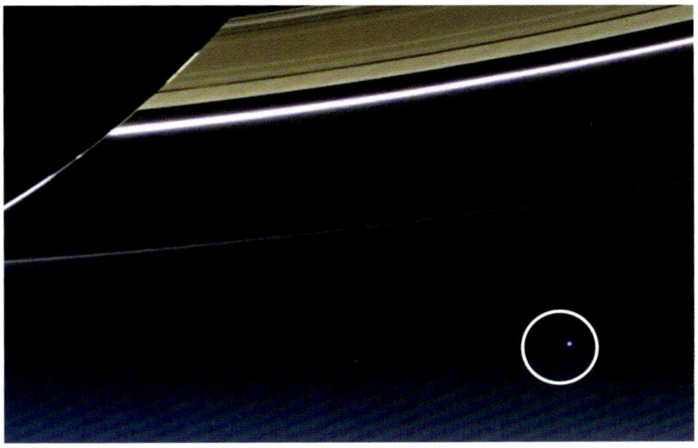

从土星上看到的地球

家园一瞥

这张照片中下方右侧那个小小的光点，便是我们居住的地方。这张我们家园的照片，是由 NASA 的卡西尼－惠更斯号探测器在 2004 年造访土星时拍摄的。

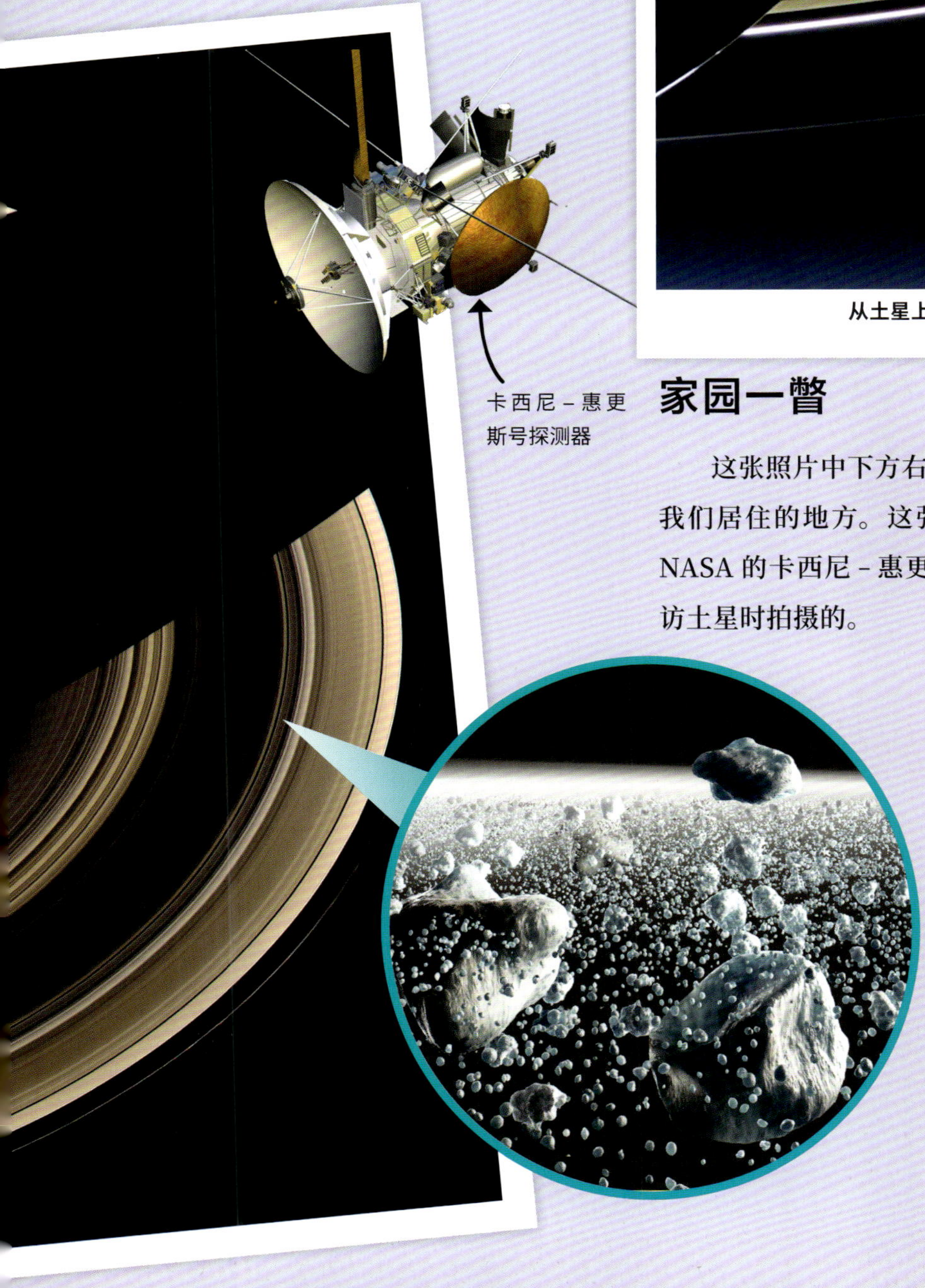

行星环之王

土星被数十亿的岩石与冰构成的行星环所围绕。通过望远镜，我们可以在地球上看到这些行星环。

冰巨人

黑暗而冰冷的天王星和海王星被人们称为冰巨人，这是因为两者都是由气和冰的混合物构成的。两颗行星都有小行星环和诸多卫星。这两颗行星只迎来过旅行者 2 号探测器这一位“访客”，仍然等待着人类进一步探索。

信息卡

- **名称：**天王星
- **与太阳的距离：**29 亿千米
- **已知卫星数量：**29 颗
- **平均温度：**–212° C
- **一年的长度：**84 个地球年
- 天王星是太阳系中最寒冷的行星。由于大气层中的气态甲烷，天王星呈现出蓝绿色。冰冷的云层下面是一片巨大而黏稠的流体。

天王星有 13 个已知的行星环。

哇哦！

天王星的绝大多数卫星都是根据莎士比亚戏剧中的角色命名的，如帕克（天卫十五）和米兰达（天卫五）。

躺在轨道上旋转的行星

天王星可以说是太阳系里的异类了，因为天王星是“躺着”围绕太阳公转的！科学家认为，这是因为天王星在诞生初期被一个地球大小的天体撞倒了。

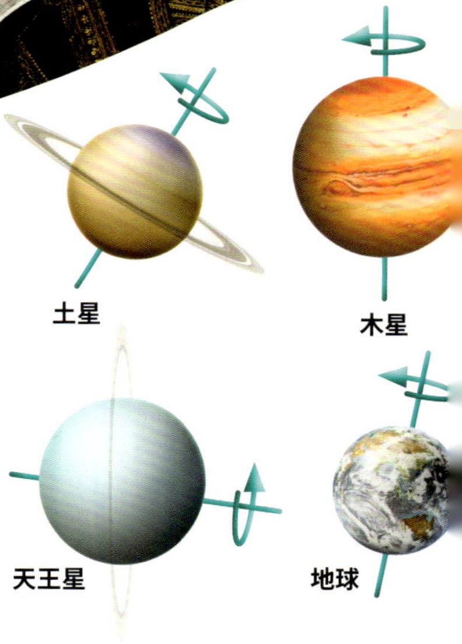

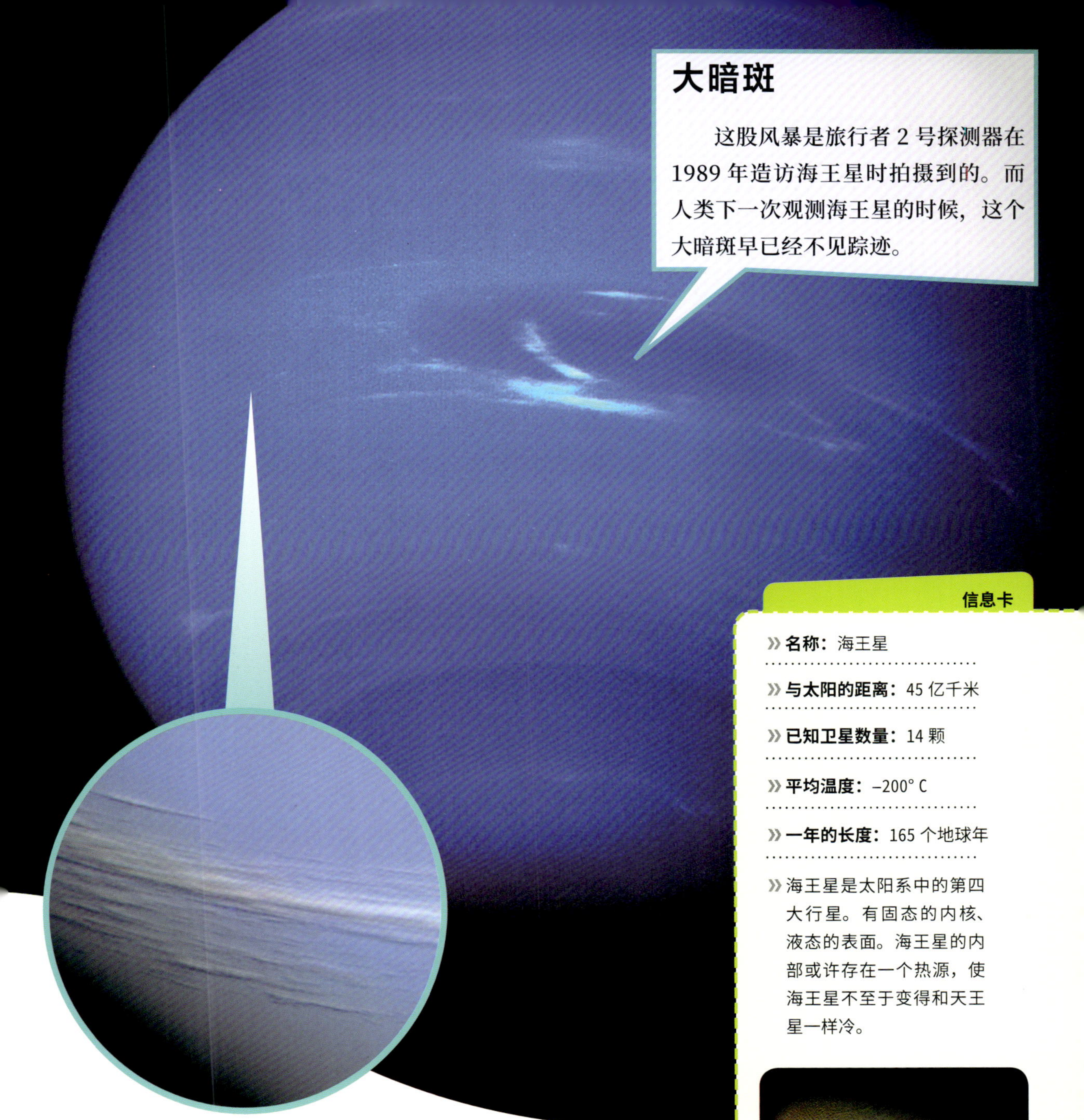

大暗斑

这股风暴是旅行者 2 号探测器在 1989 年造访海王星时拍摄到的。而人类下一次观测海王星的时候，这个大暗斑早已经不见踪迹。

风暴行星

海王星是太阳系中最狂风肆虐的行星。狂风以高达每小时 2 000 千米的速度撕裂海王星的云层，狂暴的大风曾经在海王星上形成一团巨大的风暴。这团风暴叫作“大暗斑”，体积与地球差不多大！

信息卡

- **名称：** 海王星
- **与太阳的距离：** 45 亿千米
- **已知卫星数量：** 14 颗
- **平均温度：** –200° C
- **一年的长度：** 165 个地球年
- 海王星是太阳系中的第四大行星。有固态的内核、液态的表面。海王星的内部或许存在一个热源，使海王星不至于变得和天王星一样冷。

海王星最大的卫星海卫一。

冥王星

冥王星一度被认为是太阳系边缘的一个贫瘠而了无生气的“大石头”。然而，最近的一次航天任务却让人们对这个神秘的世界有了崭新的认识。冥王星上满是冰山和火山，其大气层中包含着散射阳光的粒子，使得冥王星的天空呈现与地球的天空相似的蓝色。

信息卡

- 名称：冥王星
- 与太阳的平均距离：59 亿千米
- 表面温度：–233° C
- 绕太阳一周的时间：248 个地球年
- 卫星数量：5 颗

奇特的表面

2015 年，人类第一次从照片上看到了冥王星的表面。NASA 的科学家们看到，冥王星上有平坦的平原，平原上满是环形山以及冰山。

矮行星

2006 年冥王星被判定为一颗矮行星，不再算作行星。矮行星与行星有许多相似之处，但是其围绕太阳公转的轨道却与小行星和彗星等其他天体重合。太阳系中现已命名的矮行星有 5 颗，但是科学家认为还有许多矮行星。

新视野号

2015 年新视野号探测器以非常近的距离飞经冥王星。这是人类第一次对这颗矮行星进行如此清晰的观测，这次我们看到的景象比我们之前想象的有生机得多。

新视野号探测器

卡戎

卡戎

不忙着拍摄冥王星照片时，新视野号探测器便有“闲情逸致”拍摄冥王星最大的卫星卡戎了。

柯伊伯带

柯伊伯带是由太阳系边缘围绕太阳公转的千百万个冰质和岩质天体组成的，同时柯伊伯带也是矮行星的聚集地。2019 年，新视野号将会继续飞经柯伊伯带中的天体。

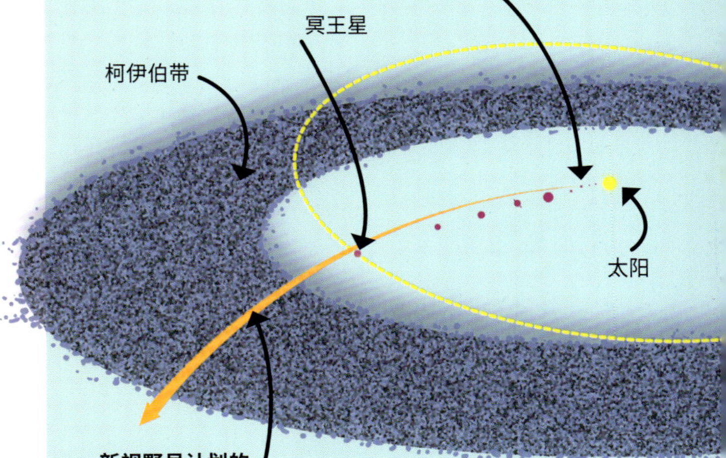

哇哦！

冥王星是 1930 年由当时年仅 11 岁的维尼夏 · 伯尼命名的！

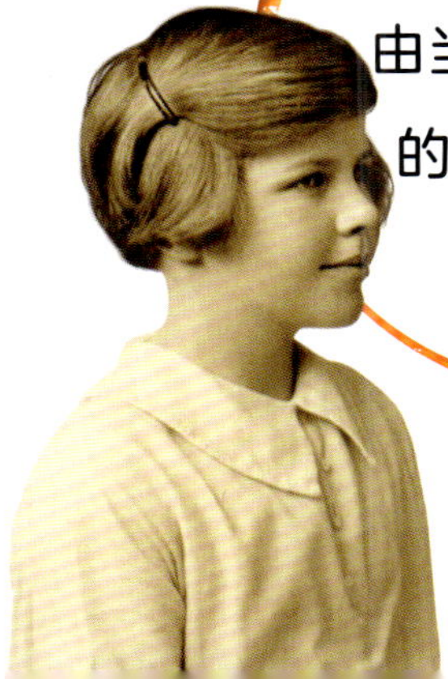

对话专家

艾伦·斯特恩博士是一位工程师、行星科学家和太空探索者。第一个造访冥王星的探测器新视野号的第一次太空任务，就是在他的领导下进行的。现在，他的团队正在利用这个探测器研究柯伊伯带中的其他天体。

6 岁的艾伦

问：小时候，是什么东西让您对宇宙产生兴趣的呢？

答：在太空计划初期（20 世纪 60 年代），我还是一个小孩儿，而到了我十几岁的时候，我就已经可以看到人们在月球上有序地行走了。我希望为未来的太空探索出一份力。

2003 年拍摄的冥王星的照片

神秘的世界

在新视野号探测器之前，这是冥王星唯一一张照片，图像非常模糊。

问：指挥首次冥王星探索任务是什么感觉？

答：冥王星是唯一尚未被人探索过的“经典”行星（在新视野号升空的时候，冥王星仍被分类为行星）。能够指挥这次的探索任务，我感到很荣幸。就像是做梦一样！为了探索冥王星，我们团队付出了 15 年的巨大努力。人类终于首次完成了太阳系的探索之旅。这让人备受鼓舞，也让人们看到我们是能够在有生之年实现不可思议的创举的。

问：人类为什么想要造访冥王星？

答：20 世纪 90 年代，我们发现了柯伊伯带，这使我们对冥王星的背景有了了解。在此之前，太阳系只有 4 颗岩质行星和 4 颗气态行星，后来冥王星“横空出世”了，它与其他行星有点儿格格不入。我们发现了许多其他的小行星，但我们也意识到冥王星是我们在全新一类小行星中发现的第一颗（2006 年，冥王星被判定为一颗矮行星）。

揭开神秘面纱

新视野号发回了令人叹为观止的照片，让我们看清了冥王星的表面。

问：往冥王星上发送探测器的难度有多大？

答：非常困难。飞到冥王星需要10年的时间，如果错过这次飞近探测，我们就没有第二次机会了。我们首次尝试就得万无一失，还要为万无一失提前做好准备。太空探索的先驱们已经为此研发出了必要的科技，唯一需要我们来研发的，便是将科学实验小型化的技术（确保新视野号重量不超标）。

问：您对冥王星被重新分类为矮行星这件事怎么看？

答：我觉得这是一个巨大的错误。我们在新视野号飞经时明显地看到，冥王星是一颗行星，而不是其他性质的星球。冥王星有行星的属性，而我们从新视野号得到的照片也证实了这一点。冥王星的属性与岩质行星类似。在我看来，冥王星比巨型气态行星更符合行星的特质。

问：看到冥王星的第一组照片时是怎样一种感觉？

答：我们已经意识到冥王星会是一颗难以捉摸的星球。但真的看到那些照片的时候，我们还是瞠目结舌！我们从照片上看到了冥王星的表面，这对于科学家来说是很有意思的。我们对冥王星有了许多新的认识。从地质上来说，冥王星非常活跃，而我们尚不知其中的原理。我对团队取得的成功感到很欣慰。

问：对于冥王星你们有没有什么出乎意料的发现？

答：我们发现冥王星表面有的部分有45亿年的历史，有的部分只有10亿年的历史，还有一些部分才刚刚诞生。这是我们的一个未解之谜！另外，冥王星上也有火山，与火星上的大型火山有一拼。

艾伦和他的团队一起观看新视野号发送回来的第一组照片

问：您最喜欢的行星有哪些？

答：冥王星和地球。地球是人类共同的最爱，因为它是我们的家园，不仅是人类的诞生地，还是唯一能在上面遛狗的行星！

问：您对于未来有什么期许？

答：我希望我们能继续在科学和商业航天领域加速发展。我们对于宇宙的探索是人类历史上最为重要的创举。我希望终有一天，太空探测器会登陆冥王星，而人类则能够亲身探索这颗星球。

问：您对未来的太空探索者有什么建议吗？

答：努力学习，努力工作，找到你钟爱的领域！

为太空石命名

太空中的石头根据大小的不同有不同的名称。

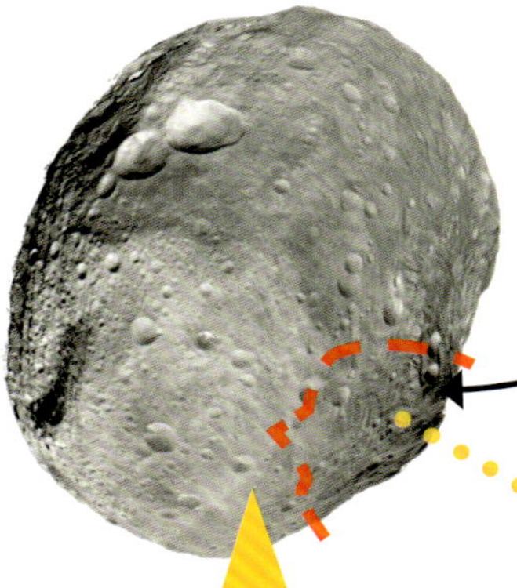

流星体的形成
小行星的一部分脱落下来，形成流星体。

小行星

小行星是围绕太阳公转的岩质天体。小行星比行星小得多。有些小行星的直径还不到 1 千米。

流星体

从小行星或彗星上脱落下来的小石块或宇宙尘埃被称作流星体。

流星

在穿过地球大气层时燃烧的流星体叫作流星。

哇哦！

有的小行星还有自己的**卫星**！小行星艾达就有一颗叫作**艾卫**的卫星。

太空石头

构成太阳系的，不仅仅是行星、矮行星以及卫星。组成太阳系家族的，还有许许多多其他的天体。彗星和小行星自太阳系形成时便一直存在，有些撞击过地球。除此之外，太阳系中还有被称为流星体、流星以及陨石的小石块与尘埃。

恐龙之死

每天太空中都有约 90 吨的石块和尘埃与地球冲撞。其中绝大部分的石块和尘埃会在大气层中燃尽，但较大的天体则能到达地面。科学家认为，大约 6500 万年前一颗直径约 10 千米的陨石撞击过地球，并导致了恐龙的灭绝。

彗星

彗星由石头、冰以及尘埃构成，大小与山丘类似。在我们的太阳系中存在着数以万亿计的彗星。

海尔 - 波普彗星燃烧得如此耀眼，在地球上不用望远镜都能看见

美国亚利桑那州的陨星坑

陨石

坠落到地面上的流星叫作陨石。

围绕太阳公转

彗星沿椭圆形轨道围绕太阳公转。有的彗星距离太阳很远，要花几千万年才能绕太阳一周。

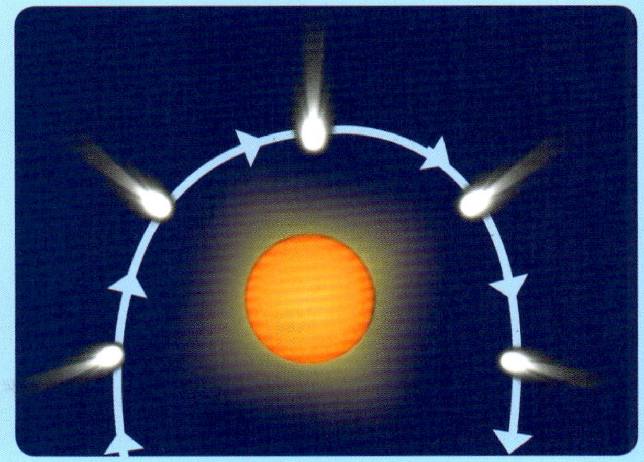

彗星的尾巴是怎么形成的?

彗星在飞过太阳、温度上升时会形成尾巴。彗星的尾巴总是指着背离太阳的方向。

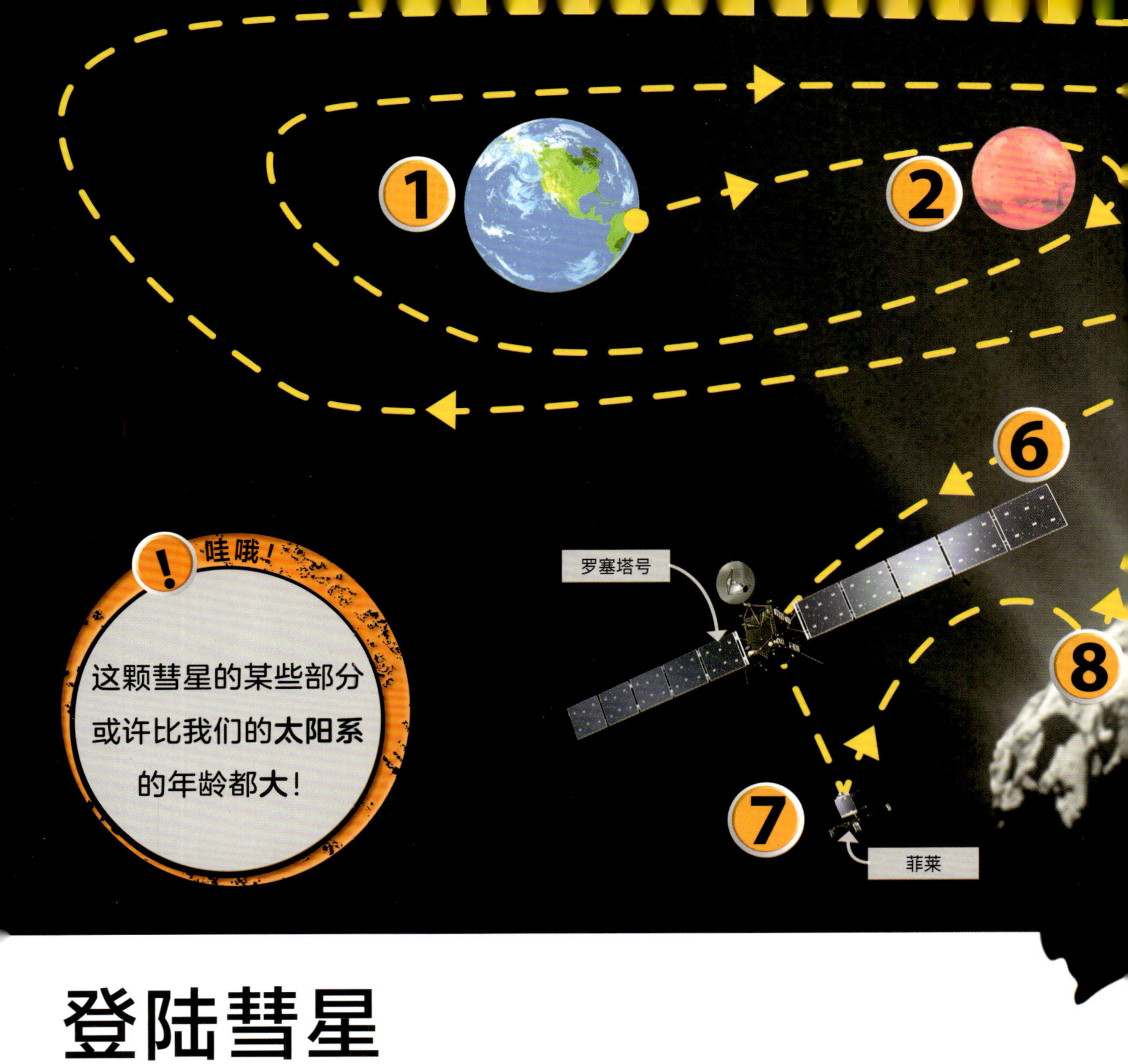

登陆彗星

罗塞塔号彗星探测器及其登陆器菲莱用了 10 年的时间横跨太阳系，终于登陆了楚留莫夫 - 格拉希门克，代号彗星 67P。为了达到足够高的速度，这个探测器不得不围绕地球转近三圈并围绕火星转一圈，借助这两颗行星的引力弹射到太空中。途中这个探测器与其他许多美丽的天体擦肩而过。最终，菲莱在 2014 年完成了史无前例的首次彗星登陆任务。

关键日期

- **1.2004 年 3 月：** 罗塞塔号从地球发射升空。
- **2.2007 年 2 月：** 罗塞塔号在围绕火星运行一周后又绕回来围绕地球运行，以获得加速度。
- **3.2008 年 9 月：** 罗塞塔号飞过钻石形状的斯特恩斯彗星，然后又绕地球转了一圈。
- **4.2010 年 7 月：** 罗塞塔号飞过小行星 21 号司琴星。
- **5.2011 年 6 月：** 罗塞塔号进入太空深度休眠状态（睡眠状态），以储蓄能量，继续踏上征程。
- **6.2014 年 1 月：** 罗塞塔号从休眠状态中苏醒过来。
- **7.2014 年 8 月：** 罗塞塔号到达彗星 67P 附近。
- **8.2014 年 11 月：** 菲莱登陆器被弹出，虽然触到了彗星表面，但却无法找到立足点。
- **9.** 菲莱登陆器弹跳了 1 千米的距离，终于成功停了下来。

巨型彗星

罗塞塔号探测器和菲莱登陆器探访的这颗彗星长 4.1 千米。这与 10 座帝国大厦叠在一起的高度相差无几！

太空计龄

你知道吗？在不同的行星上，你的年龄也不一样。这是因为一年是太阳系中的天体围绕太阳一周的时间。每颗行星或矮行星围绕太阳一周的时间都是不同的，因此一年的时间也有长有短。地球上的 1 年差不多等于水星上的 4 年，而冥王星上的 1 年则等于 248 个地球年！

水星

水星围绕太阳公转的速度比任何其他行星都快——水星上的 1 年只有 88 个地球日那么长。也就是说，如果你在地球上的年龄是 10 岁，那么在水星上你就是 41 岁！

水星上的 1 年，等于

88 个地球日

地球上的 1 年，等于

365 个地球日

金星上的 1 年，等于

225 个地球日

金星

一颗行星自转一周的时间便是一天。金星围绕太阳公转一周需要 225 个地球日，但其自转速度却非常缓慢。也就是说，金星上的一天非常漫长。实际上，金星上的一天比金星上的一年还要长！

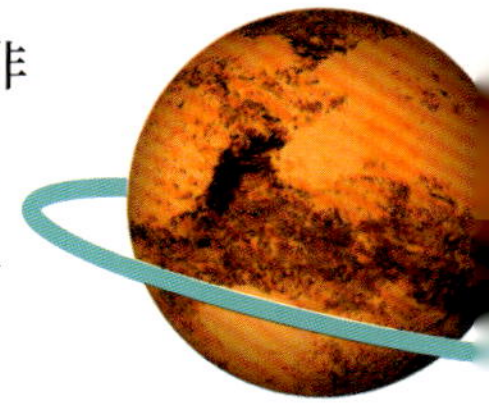

木星上的 1 年，等于

12 个地球年

天王星上的 1 年，等于

84 个地球年

冥王星上的 1 年，等于

248 个地球年

冥王星

冥王星距离太阳是如此遥远，以至于在冥王星上，你若想要长到 10 岁，需要 2 480 个地球年的时间！

火星上的 1 年，等于

687 个地球日

土星上的 1 年，等于

29 个地球年

海王星上的 1 年，等于

165 个地球年

哇哦！

一个在地球上 90 岁的人，到了水星上竟然有 373 岁高龄！

海王星

海王星上的 1 年等于地球上的 165 年。也就是说，在海王星上的人直到老死都长不到 1 岁。

外星生物狩猎者

宇宙中，人类是否形单影只？这算是一个最大的未解之谜了。一些科学家认为，宇宙中很可能充满了生命。他们的座右铭便是“跟着水走”，因为他们相信有液态水的地方是寻找生命最理想的场所。燃起这些科学家兴趣的地方，在我们的太阳系中有几处。

可能存在生命的地方

在太阳系中找到和我们一样的智能生物的概率很小，即便如此，可能孕育着简单生命体的世界却是存在的。科学家们之所以对这些世界感兴趣，是因为这些地方可能具备适宜生命存在的环境。

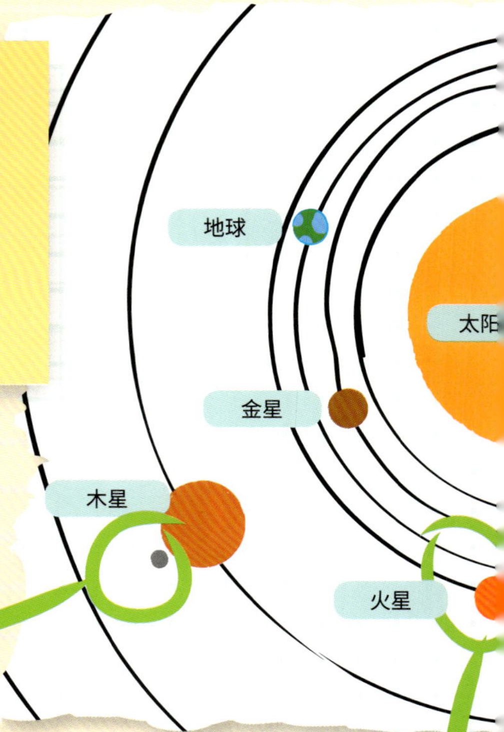

人们认为木卫二的海洋藏在几千米厚的冰层下面

木卫二

科学家们相信，在木卫二厚厚的冰层表面之下，有液态水组成的海洋。由于人们在地球海洋中最深邃黑暗的区域发现过生命，因此科学家认为木卫二上也可能存在类似情况。

火星

火星之所以引起科学家们的兴趣，是因为他们前不久刚在火星发现了液态水。这颗行星上或许曾经存在过生命，其中一些生命形态可能一直存活到现在。

卡西尼号拍摄的土卫二照片

土卫二

土卫二是一颗围绕土星运行的卫星。土卫二的表面是冰层，科学家认为冰层下存在液态水。卡西尼号探测器一直在土卫二冰冻表面爆发的间歇泉之间飞行，并对土卫二进行检测分析，以了解这颗卫星上能否孕育生命。

惠更斯号探测器拍摄的土卫六照片。

土卫六上的海洋反射的阳光

土卫六

土卫六是土星最大的卫星，拥有厚厚的大气层以及液化气体组成的海洋。科学家们对土卫六非常感兴趣，因为土卫六的大气层或许与生命出现之前的早期地球的大气层相似。

SETI 研究所

SETI 是英语 Search for Extra Terrestrial Intelligence（搜索地外文明）的首字母缩写。SETI 研究所设在美国加利福尼亚州，一直在太阳系及更广阔的宇宙中搜寻生命的迹象。SETI 研究所的科学家们努力寻找可能具备生命所需元素的环境，搜寻可能来自外星生物的信号。SETI 研究所认为，人类与宇宙中的智能生物的第一次接触，或许会是人类与外星文明制造的机器人的接触！

科学家们一直在研究火星土壤，寻找生命的迹象

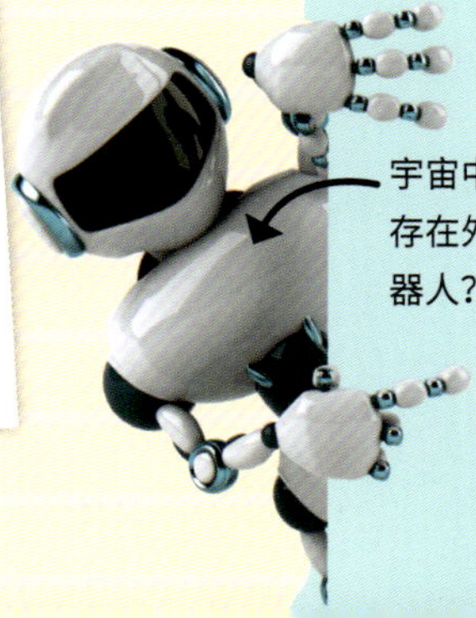

宇宙中是否存在外星机器人？

SETI 利用强大的碟形天线搜寻来自外星生物的信号。

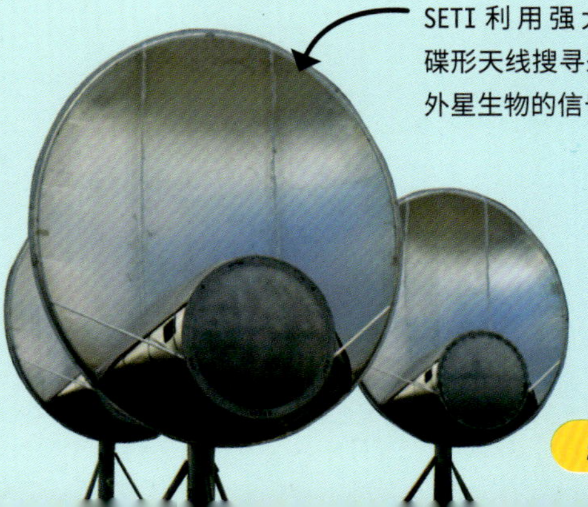

来自探测器的明信片

旅行者 1 号和 2 号探测器是 20 世纪 70 年代发射的两台双胞胎航天器。从那以后，这两台探测器便在我们的太阳系中展开了一段奇幻的旅程，拜访了木星、土星、天王星和海王星等行星。这次任务的成功大大超乎了科学家们的想象，时至今日，这两台探测器仍在往地球传送信息。

发射

1977 年 9 月 5 日，旅行者 1 号发射升空。

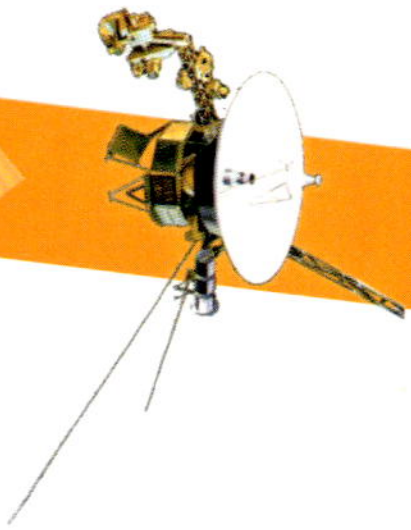

木星

旅行者 1 号和 2 号拍摄了木星大红斑的照片，并发现木星的卫星木卫一上存在着活火山。

土星

两台探测器都拍摄到了土星的行星环和卫星的照片。科学家们以此了解了土星的构成成分和气候状况。

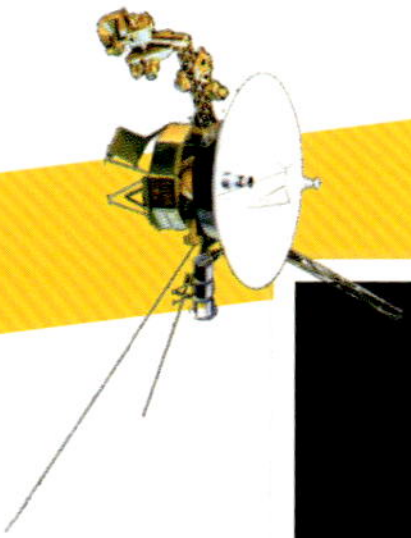

发射

1977 年 8 月 20 日，旅行者 2 号发射升空。

天王星

旅行者 2 号是第一台到访天王星的探测器，还在天王星周围发现了 10 颗新卫星！

2012

飞出太阳系

2012 年 8 月 25 日，旅行者 1 号成为第一台飞出太阳系的人造机器！

旅行者 1 号朝太阳系的边缘进发。

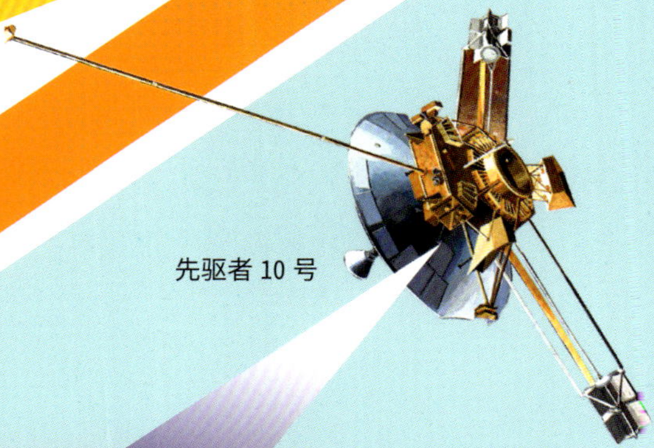

先驱者 10 号

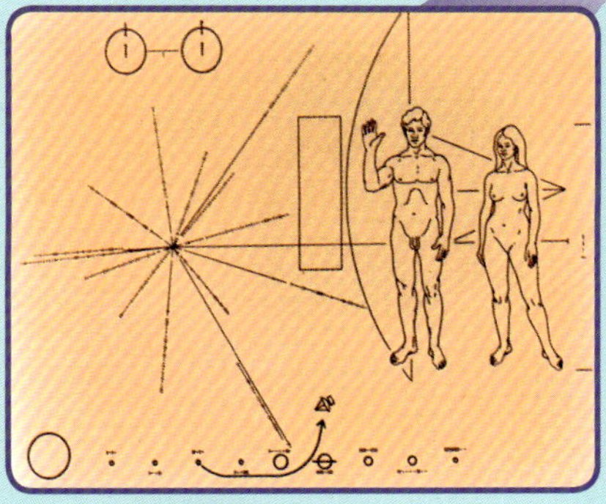

外星人存在吗？

先驱者 10 号探测器携带有显示地球在太阳系中的位置以及人类样貌的金属板，以备被外星人发现的那一天到来！

先驱者的使命

先驱者 10 号和先驱者 11 号稍早于旅行者号发射升空，是第一批穿越小行星带、造访木星和土星的探测器。

全家福

先驱者计划也发射过造访太阳系内圈的行星和围绕地球公转的探测器，其中一些探测器于 20 世纪 50 年代发射升空。

先驱者全家福

旅行者 2 号探索了太阳系外圈的行星。

1989

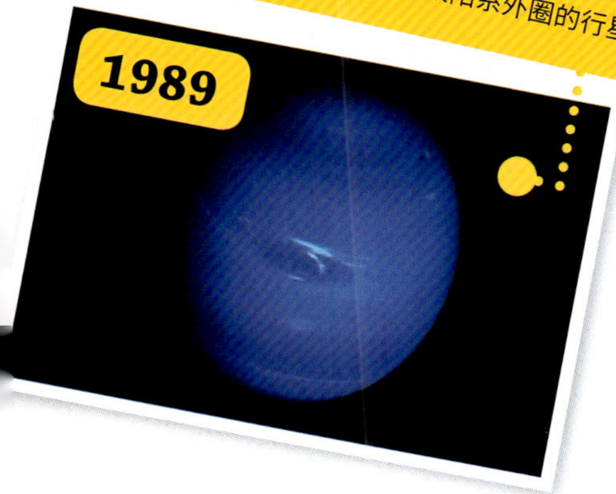

海王星

20 世纪 80 年代末，旅行者 2 号到达海王星，也就是这次旅行的最后一站，并近距离与海王星最大的卫星海卫一“擦身而过”。

放眼未来

太阳并不会永生。就像宇宙中的其他恒星一样，太阳也有诞生和死去的那天。46 亿岁的太阳已经接近中年。再过大约 50 亿年，支撑太阳在这么长时间里一直熠熠生辉的燃料便会燃烧殆尽，太阳也会开始变化。它会先膨胀成一颗红巨星，然后再收缩成一颗白矮星。

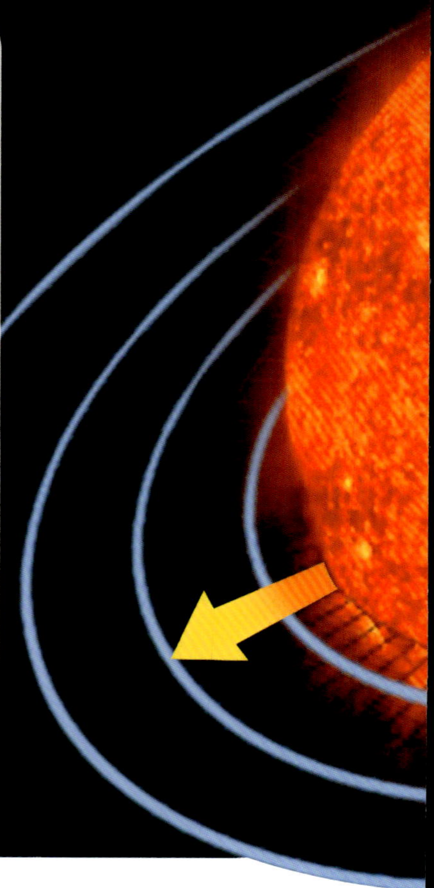

太阳的一生

太阳是一颗中等大小的恒星。这幅图表显示了太阳的生命周期——从诞生开始，直至燃料燃尽。

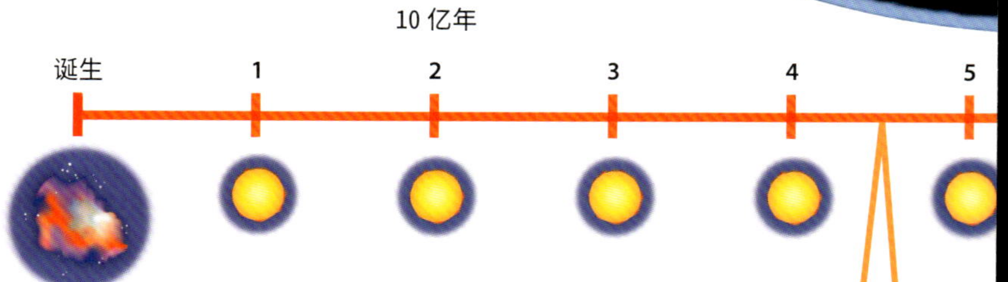

星云

太阳是在星云中诞生的，所谓的星云就是由气体和尘埃构成的巨大云雾状天体。

现在

太阳现在正处于中年，大约度过了一生的一半时间。

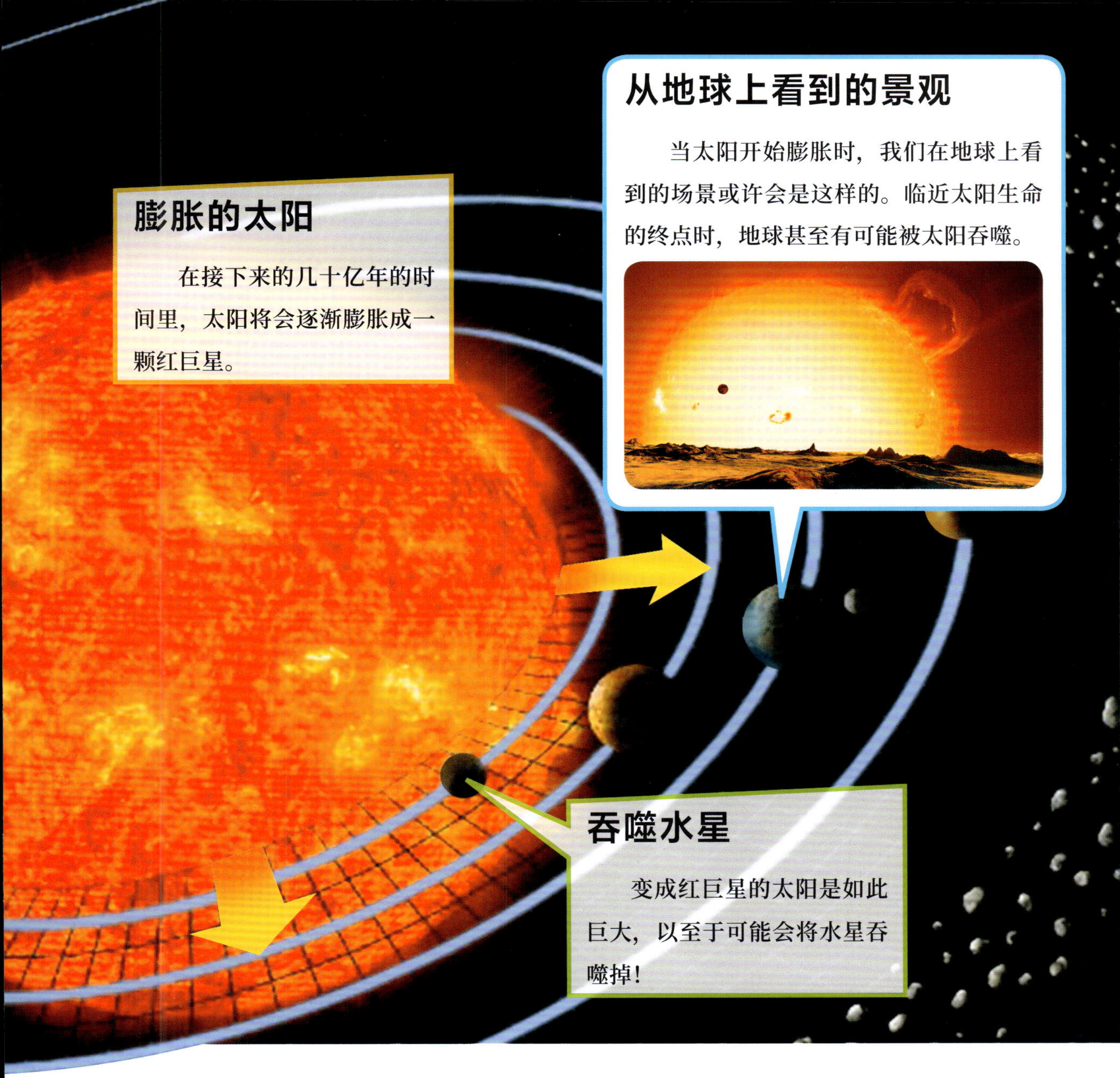

膨胀的太阳

在接下来的几十亿年的时间里，太阳将会逐渐膨胀成一颗红巨星。

从地球上看到的景观

当太阳开始膨胀时，我们在地球上看到的场景或许会是这样的。临近太阳生命的终点时，地球甚至有可能被太阳吞噬。

吞噬水星

变成红巨星的太阳是如此巨大，以至于可能会将水星吞噬掉！

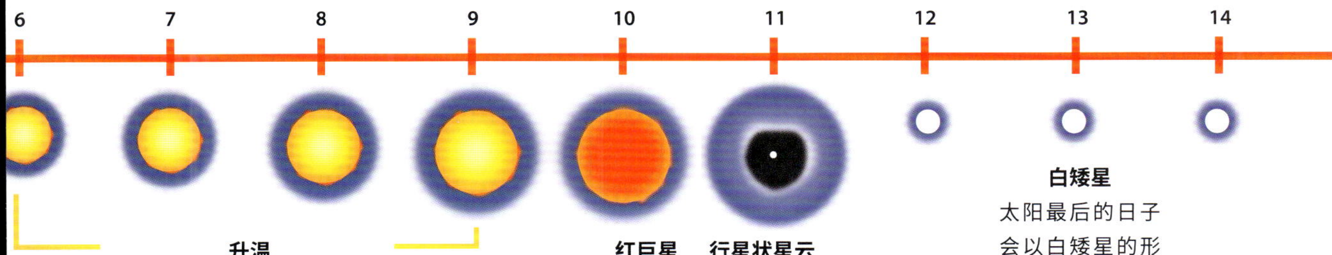

升温
随着燃料燃烧殆尽，太阳会开始坍缩，而这会导致太阳的温度再次上升。

红巨星
太阳的外层不断膨胀，使太阳变成一颗红巨星。

行星状星云
太阳抛出外层的气体和尘埃。

白矮星
太阳最后的日子会以白矮星的形式度过，其大小与地球相差无几。

太阳系之外

太阳是我们所在的星系中的众多恒星中的一员，而我们所在的星系银河系则是宇宙中众多星系中的一员。人类尚不具备走出太阳系的能力，但是科学家们却已通过望远镜拍摄到了距离我们百亿光年的星系的照片。

窥探深空

科学家们已利用空间望远镜目睹了许多恒星的诞生和死亡，也观测到了遥远星系的身影。据他们计算，宇宙的年龄差不多有 140 亿岁。

夜空的一部分

哈勃超深空图像

这张由哈勃空间望远镜拍摄的照片显示了人类见过的最为遥远的几个星系。这仅仅是夜空的一小部分，而且你所看到的这些星系和宇宙的年龄差不多大！

哈勃望远镜

哈勃空间望远镜正在地球上空围绕地球旋转。这架与一辆大校车大小相近的望远镜面朝太空，拍摄遥远的恒星和星系。

三组令人惊奇的数据

深空

1. 科学家预计，宇宙中至少存在着 1 000 亿个星系。
2. 一个像银河系这样的典型星系中，包含 1 000 亿颗以上的恒星。
3. 光需要 132 亿年的时间才能到达人类所探测到的距离地球最远的星系。

系外行星

我们的太阳并不是唯一一颗有行星围绕公转的恒星。很多其他的恒星也有属于自己的行星，科学家把这些行星叫作“系外行星”。

开普勒-22b

类地行星

人们发现，这颗类似于地球的行星正围绕着一颗距离地球差不多600光年的恒星公转。一光年指的就是光在真空中一年内所传播的距离。

太空资讯

时至今日，太空仍然让科学家们啧啧称奇。在接下来的两页中，是一些你或许尚不知晓的奇妙而精彩的太空资讯！

地球与月球之间的空间，
可以装下太阳系中所有其他行星！

5 厘米

在太空中，你会因没有重力吸引而长高这么多。

2.75 亿

这是每天新形成的天体的数量。

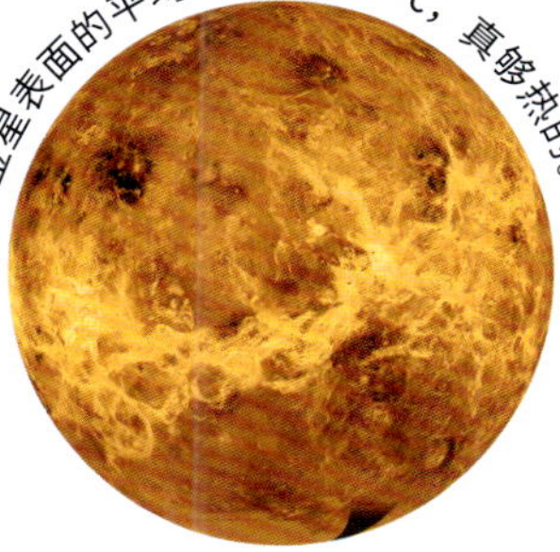

金星表面的平均温度有 460° C，真够热的。

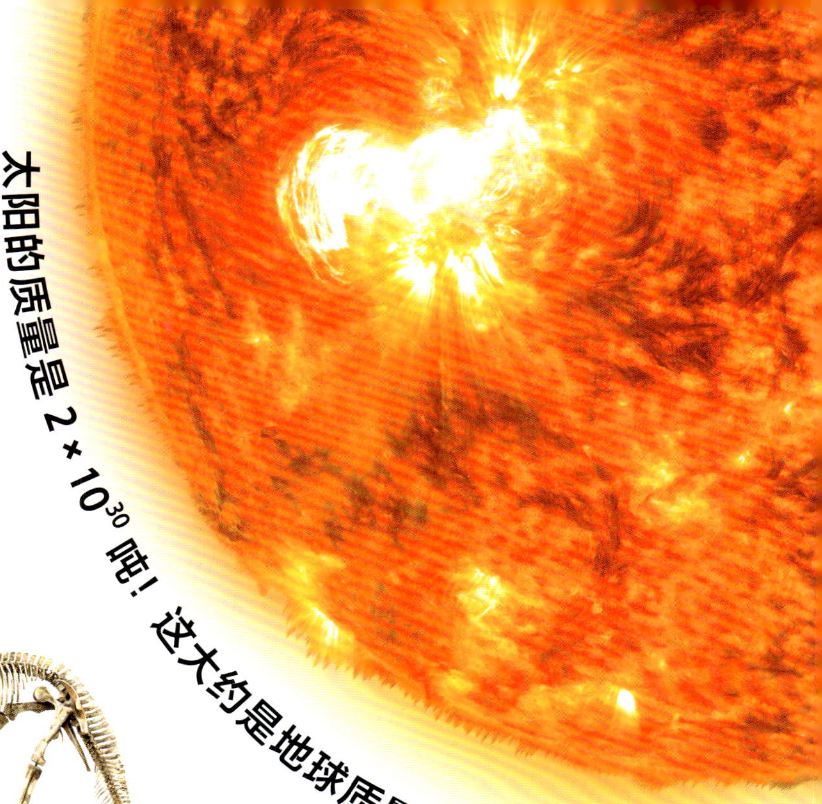

太阳的质量是 2 × 10^{30} 吨！这大约是地球质量的 33 万倍。

第一头绕地球公转的**恐龙**是一头慈母龙。1985 年这头慈母龙的骸骨被带进了太空！

灶神星

太阳系中最大的小行星之一灶神星的直径达 525 千米，上面有一座高度为珠穆朗玛峰两倍的山！

42

每秒 42 千米是流星体在太空中前进的最高速度。

536 人

这是自 1961 年尤里 · 加加林进入宇宙空间后至 2016 年，进入太空的人数。

100 万

太阳可以装下 100 万个地球。

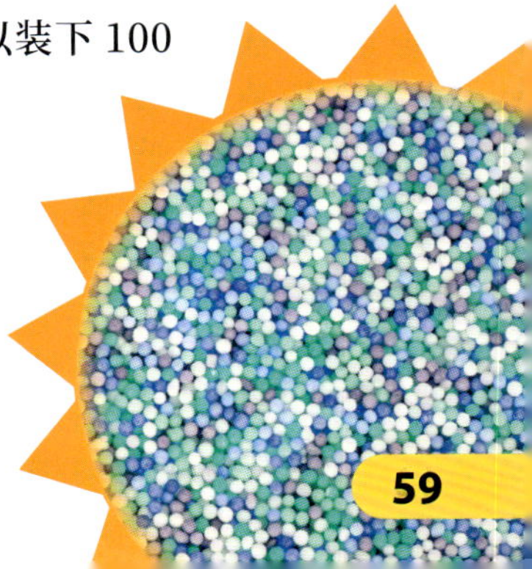

词汇表

这是一些在研究太空时可能会派上用场的词语及其含义。

白矮星　处于生命尽头的缩小了的恒星

半球　行星或卫星的一半

残骸　太空中的石块以及其他物质的碎片

舱　航天器的组成单位

乘务组　在航天器上工作的人员

赤道　一条环绕行星中部的想象出来的线，位于北极和南极的中间

磁场　围绕着行星、恒星或星系的力场

大气层　包围行星的一层气体

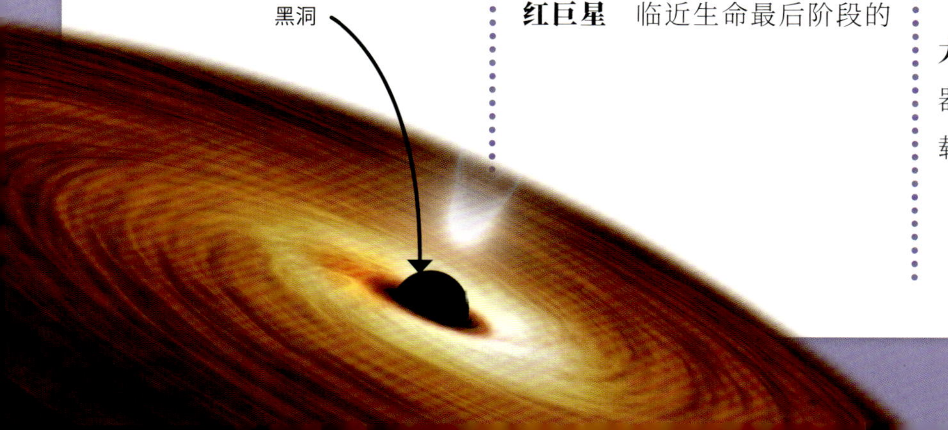

地幔　行星或月球内核与外壳之间的厚厚一层火热的岩石

发射　将某种物体送入太空

发射器　由火箭提供能量用来将航天器或卫星送入天空的器械

光年　光在真空中一年时间内所传播的距离

轨道　一个天体受另一天体引力牵引而围绕它转动所走的路径

航天器　在太空中行进的器具

黑洞　宇宙中一种有着强大引力的天体，任何东西都逃离不了黑洞，包括光

恒星　内核能够产生能量的巨大球形发光气态天体

红巨星　临近生命最后阶段的巨大红色恒星

环形山　行星或其他天体表面上因为与太空石块冲撞所造成的碗形凹陷

彗星　由尘埃和冰构成的围绕太阳公转的天体，会在靠近太阳时衍生出一条“尾巴”

粒子　固体、液体或是气体的极小颗粒

流星　流星体在进入地球大气层时会燃烧起来，呈现出一束光线的样貌，这就是流星

流星体　穿越太空的石块、金属或冰块

内核　恒星、行星或卫星的中心部位

壳　岩质行星的外层

实验室　进行科学实验的场所

“食”　宇宙中的一个天体进入另一个天体的影子时出现的现象

太空　地球大气层之外的空间

太空舱　小型航天器或较大航天器的一个组成部分，通常用来装载工作人员或科学仪器

太空漫步 太空中的宇航员在离开航天器时的状态，通常是为了对仪器进行维修或测试

太阳系 由太阳以及围绕太阳公转的行星和其他天体构成

探测车 在行星或卫星上行驶的车辆

探测器 为研究宇宙中的物体和向地球送回信息而设计的无人驾驶航天器

望远镜 用来观看遥远物体的光学仪器

卫星 围绕行星或小行星转动的由石块或石块、冰块的混合物组成的天体

系外行星 围绕太阳之外的恒星公转的行星

小行星 围绕太阳公转的小型岩质天体

小行星带 太阳系中火星和木星之间存在着大量的小行星的一块区域

星系 被引力聚拢到一起的大量恒星、气体以及尘埃的集合体

星云 宇宙中气体和尘埃构成的云雾状天体，恒星在其中诞生

行星 围绕恒星转动的大型球状天体

宜居 指某个环境适宜生活居住

银河系 我们所在的星系

引力 将物体朝彼此牵引的力

宇航服 宇航员在走出航天器时所穿的封闭式防护衣物

宇航员 受训在太空中旅行和生活的人

宇宙 所有的空间以及空间中的一切

陨石 掉落在行星或卫星表面的流星体

载货 航天器上装载货物

轴 一条想象出来的穿透行星或恒星中心的直线，行星或恒星围绕着这条轴线旋转

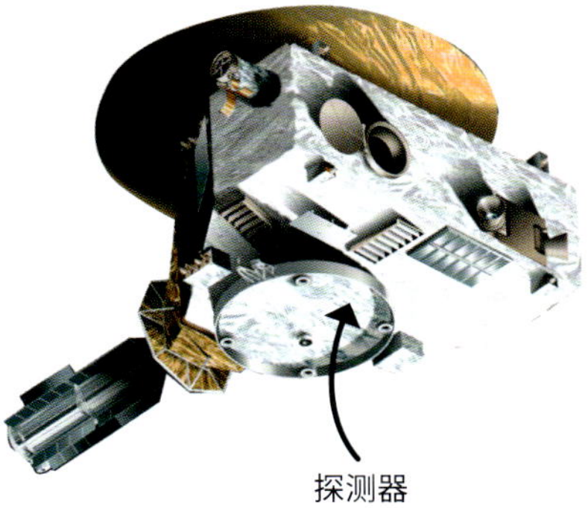

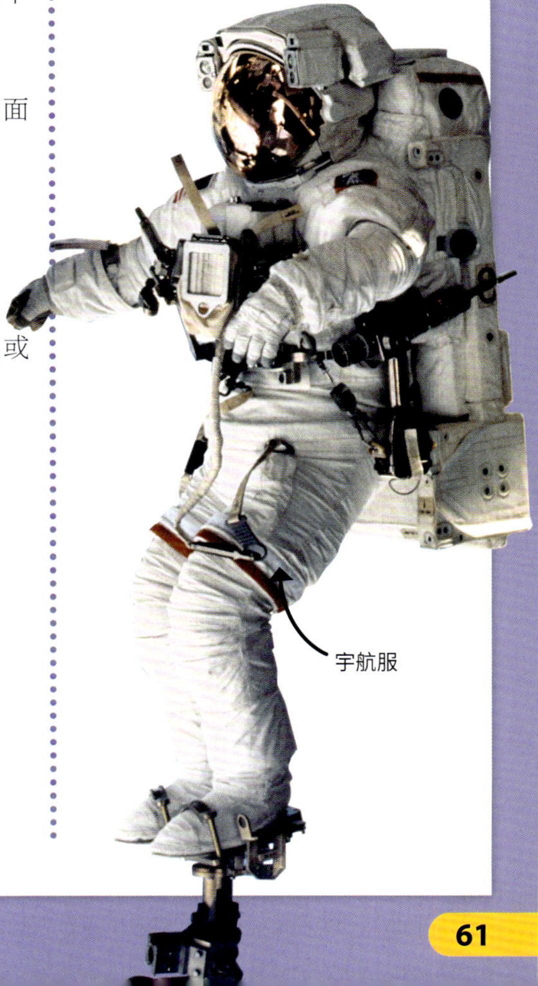

索引

致谢

感谢以下人士在编写本书时给与的帮助：感谢艾玛·蔡弗在编辑工作上的协助，感谢赫尔·卢克在设计上的帮助，感谢亚力山德拉·卓碧顿的校对，感谢海伦·皮特斯编写索引。除此之外，出版公司还想感谢皮尔斯·赛勒斯博士对于"当宇航员是什么感觉"这部分内容的帮助，感谢艾伦·斯特恩博士接受《对话专家》版块的访谈，还要感谢 SETI 研究所的比尔·戴蒙德维对于"地球上的生命"以及"外星生物狩猎者"这些内容的贡献。本书的插画由丹尼尔·朗完成。

本书出版商由衷地感谢以下名单中的人员提供照片使用权：
t=顶端，a=上方，b=下方，l=左侧，r=右侧，c=中间，f=底图

2 NASA: (fcrb); JHUAPL / SwRI (bl); JPL / Space Science Institute (bc); Goddard / Lunar Reconnaissance Orbiter (cb). **3 ESA**: ESA 2010 MPS for OSIRIS Team / MPS / UPD / LAM / IAA / RSSD / INTA / UPM / DASP / IDA (cb). NASA: (bc); SDO (br); JPL (clb). 4 NASA: JPL-Caltech / MIT (cb); (crb, crb/Mars); JPL (fcrb). **4-5 NASA:** (cb). **5 NASA:** JHUAPL / SwRI (c); Johns Hopkins University Applied Physics (clb). **6 Corbis:** Nicholas Buer (bl). **6-7 NASA. 7 NASA:** JPL-Caltech (tc). **8-9 NASA:** SDO / Amari. **8 NASA:** AIA (clb). **9 Alamy Images:** WILDLIFE GmbH (crb). NASA: (cl, br). **10 NASA:** Goddard / Lunar Reconnaissance Orbiter (clb); Johns Hopkins University Applied Physics Laboratory / Carnegie Institution of Washington (cb). Science Photo Library: Dr. Ian Robson (br). **10-11 NASA:** Johns Hopkins University Applied Physics Laboratory / Carnegie Institution of Washington. **11 NASA:** JPL-Caltech / MIT (bc, crb/Jupiter); Johns Hopkins University Applied Physics Laboratory / Carnegie Institution of Washington (tr); JPL (cb); JPL-Caltech (cb/ Mars). **12 ESA:** (c). NASA: (r, ca); JPL (cra). **13 Corbis:** Warren Faidley (ca). **Fotolia:** Strezhnev Pavel (cb). NASA: (l); James Yungel (bc). **14 NASA:** (tr). **14-15 Dreamstime.com:** Vibhision K Soni. **15 NASA:** (cr); JPL-Caltech / STScI / CXC / SAO (br). **16 NASA:** Goddard / Lunar Reconnaissance Orbiter; (bl, cra).
17 NASA: (tl, cra); SDO (cl); Pat Rawlings (SAIC) (br). **18 Alamy Images:** Heritage Image Partnership Ltd (br); Sputnik (cr, bc); Michael Seleznev (fcr). NASA: (cl, bl). **19 Alamy Images:** SPUTNIK (tc). Corbis: Rykoff Collection (cra). NASA: (cla, clb, b). **21 NASA:** (cr). **22 NASA:** (tl, tr, br). **23 NASA:** (cb, bl, br). **24 NASA:** ESA (br). **24-25 NASA:** (all NASA). **26 NASA:** JPL-Caltech / University of Arizona (cl, c). **26-27 NASA:** JPL-Caltech. **27 NASA:** HiRISE, MRO, LPL (U. Arizona) (crb); JPL-Caltech / Univ. of Arizona (bl). **28-29 NASA:** JPL-Caltech / MSSS (t). **28 Getty Images:** Photodisc / StockTrek (cl). NASA: ESA 2010 MPS for OSIRIS Team / MPS / UPD / LAM / IAA / RSSD / INTA / UPM / DASP / IDA (cla, cb); Pat Rawlings, SAIC (br); JPL / JHUAPL (cl/Asteroid 253 Mathilde); JPL-Caltech / UCLA / MPS / DLR / IDA (crb, fcl, bc, bl). **29 Getty Images:** Photodisc / StockTrek (bl). NASA: Goddard / Lunar Reconnaissance Orbiter (cb); JPL-Caltech / Univ. of Arizona (bc); JPL-Caltech / UCLA / MPS / DLR / IDA (br). **32-33 NASA:** JPL-Caltech / MIT (b/Jupiter). **33 NASA:** Johns Hopkins University Applied Physics Laboratory / Southwest Research Institute (cl); JPL-Caltech (tc); JPL (crb). **34 NASA:** JPL-Caltech / MIT (tl); Voyager Project, Calvin J. Hamilton (bl); ESA / K. Retherford / SWRI (br); JPL / DLR (cb); JPL (cl). 35 Corbis: Jim Sugar (cra). **NASA:** JPL-Caltech / MIT (br); JPL / DLR (cr, cl, bc, br/Europa, fbr); JPL (bc/Lo).
36-37 NASA: JPL / Space Science Institute. **36 NASA:** Caltech / Space Science Institute (tr). **37 NASA:** JPL (ca); JPL-Caltech / Space Science Institute (cr). **38 Alamy Images:** North Wind Picture Archives (crb). NASA: JPL-Caltech (t); NASA, ESA, and M. Showalter (SETI Institute) (bl). **39 NASA:** (t); JPL (clb); JPL / USGS (br). 40-41 NASA: JHUAPL / SwRI. 40 NASA: JHU APL / SwRI (crb, cra). **41 NASA:** (tc); JHUAPL / SwRI (c). **42 Alamy Images:** NG Images (tr). NASA: ESA, and M. Buie (Southwest Research Institute) (clb) Alan Stern as child courtesy of the Stern family. **43 NASA:** Bill Ingalls (tr); JHUAPL / SwRI (bl). 44-45 ESA: Rosetta / NAVCAM (b). 44 ESA: (cr). NASA: JPL Caltech / UCAL / MPS / DLR / IDA (cla, c, crb). **45 Alamy Images:** Galaxy Picture Library (cra); Stocktrek Images, Inc. (cla). NASA: (b, br). Science Photo Library: David Parker (cb). **49 NASA:** JHUAPL / SwRI (fcra). **50-51 NASA:** JPL / GSFC / SWRI / SSI (t); JPL-Caltech / Cornell Univ. / Arizona State Univ. (b). **50 NASA:** JPL-Caltech (clb). **51 Alamy Images:** M2 Photography (br). **Dreamstime.com:** Julien Tromeur (bc). NASA: JPL-Caltech / University of Arizona / University of Idaho (fcra). **52 NASA:** JPL-Caltech (ca); JPL (cr, br); NASA's Goddard Space Flight Center / NASA / JPL (clb). **53 NASA:** (bl, crb, tr); NASA Ames (ca). 54-55 NASA: JPL. 55 Science Photo Library: Detlev Van Ravenswaay (cra). **56 NASA:** ESA, and Z. Levay (STScI) (bl, c). 56-57 NASA: ESA; G. Illingworth, D. Magee, and P. Oesch, University of California, Santa Cruz; R. Bouwens, Leiden University; and the HUDF09 Team (t). **57 NASA:** Ames / JPL-Caltech (bc).
58 NASA: (br, fcl, cl, fcr); Johns Hopkins University Applied Physics (fclb); JPL-Caltech / MIT (cl/jupiter); JPL-Caltech (cr); JHUAPL / SwRI (fcra); Goddard / Lunar Reconnaissance Orbiter (cl/moon). **59 Alamy Images:** ITAR-TASS Photo Agency (bc). **Dorling Kindersley:** Royal Tyrrell Museum of Palaeontology, Alberta, Canada (ca). NASA: JPL-Caltech / UCAL / MPS / DLR / IDA (cl); SDO (tr); JPL (tl); Johns Hopkins University Applied Physics (crb). **60 NASA:** JPL-Caltech (bl). **61 NASA:** (tr, br)

Cover images: Front: Dorling Kindersley: Andy Crawford cra, NASA tr; Back: Corbis: Jim Sugar clb; ESA: tr; Spine: NASA; Front Flap: Dorling Kindersley:
NASA cla/ (back); NASA: cr/ (front), br/ (back), ESA cb/ (front), Goddard / Lunar Reconnaissance Orbiter tr/ (back), ESA 2010 MPS for OSIRIS Team / MPS / UPD / LAM / IAA / RSSD / INTA / UPM / DASP / IDA crb/ (front), JPL tr/ (front), JSC cl/ (front), SDO br/ (front); Back Flap: Dorling Kindersley: Gary Ombler / The University of Aberdeen cl/ (front), Tim Parmenter / Natural History Museum, London crb/ (front); Front Endpapers: NASA: 0cra, 0fcra, 0cra (Neptune), JPL-Caltech / MIT 0fcla, Goddard / Lunar Reconnaissance Orbiter 0 (Earth moon), JHUAPL / SwRI 0fcra (Pluto), 0 (All Plutos moons), Johns Hopkins University Applied Physics 0cla, JPL 0ca, 0 (All Uranus Moons), JPL / Space Science Institute 0cla (Saturn), JPL-Caltech 0ca (Uranus), JPL-Caltech / Space Science Institute 0 (All Saturns moons), JPL-Caltech / University of Arizona 0 (All Mars moons), Voyager2 / JPL / USGS 0 All Neptunes moons); Back Endpapers: Alamy Images: ITAR-TASS Photo Agency 0, SPUTNIK 0 (Laika), 0tc; Gettyimages: AFP 0bc (Yang Liwwyi); ESA: NASA 0 (Samantha Terry); NASA: 0 (Apollo 8 launch), 0 (Ham the chimpanzee), 0bc, 0 (Neil Armstrong on the moon), 0cl, 0crb (Chris Hadfield), 0bl (Moon rover), 0cb (Sally Ride), 0bc (STS 7 patch)

我已经获取的知识：

太阳系的卫星

太阳

水星	金星	地球	火星

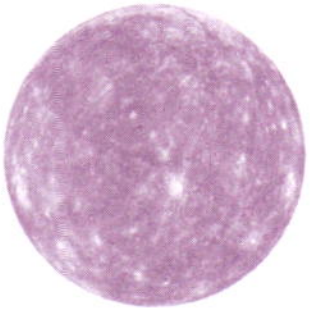

0 颗卫星

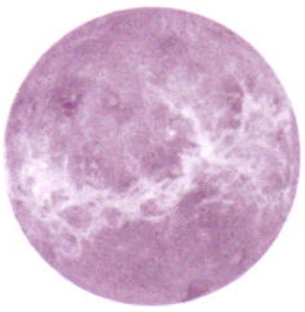

0 颗卫星

1 颗卫星

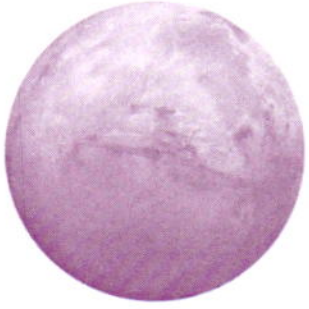

2 颗卫星

太阳系中没有任何卫星的行星只有水星和金星。

月球

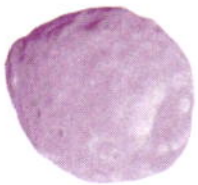

火卫一

火卫二

日食

当月球移动到太阳和地球之间时，日食便发生了。太阳的直径大约是月球的 400 倍，但太阳与我们的距离也是月球与地球距离的 400 倍，因此太阳和月球在空中的大小看上去是一样的。月亮将太阳挡住时，会在其下方的地球表面制造出一片巨大的阴影。